ÉCLAIRAGE

A

L'HYDROGÈNE LIQUIDE.

*Administration rue Royale-Saint-Honoré, n° 25,
à Paris,*

**Magasin spécial et central de Lampes et d'Hydrogène
liquide, Place de la Bourse, n° 10.**

1843

ARGENTEUIL, IMPRIMERIE DE E. MARC-AUREL.
BUREAU ET LIBRAIRIE A PARIS, RUE RICHELIEU, 102.

MINISTRATION

L'ÉCLAIRAGE

A

HYDROGÈNE

LIQUIDE,

Royale-St-Honoré, n° 25,

A PARIS.

A MM. les Propriétaires ou Exploitateurs de Vignes, de Terre à Betteraves, à Pommes de Terre, de Forêts de Pins, de Mines de Houille et de Schiste, à MM. les Producteurs d'Alcools et d'Huiles essentielles.

Paris, le 20 août 1843.

Messieurs,

Vous avez pu juger, par les rapports et les débats des Chambres législatives à l'occasion du dégrèvement des esprits dénaturés, à quel important développement est appelé le nouvel éclairage, composé d'esprits et d'essences rectifiés, auquel le docteur Jules Guyot a donné le nom d'*Hydrogène liquide.*

Comme vous pourrez vous en assurer vous-mêmes en lisant avec attention la note du docteur Jules Guyot, les divers écrits et publications émanés des Chambres, publications que nous joignons à cette lettre, l'Hydrogène liquide véritable et commercial ne peut être produit qu'au moyen d'appareils spéciaux, et sa préparation exige l'observation rigoureuse de préceptes dont la découverte a demandé plusieurs années de travail.

Nous ne doutons pas qu'au moyen de longues et coûteuses recherches on ne puisse parvenir à fabriquer, avec un certain degré de perfection et d'économie, un combustible éclairant, composé d'essences et d'esprits. Ce succès serait néanmoins plus long et plus difficile à obtenir qu'on ne le pense généralement.

Mais, en admettant qu'à grands frais on puisse arriver à trouver des instruments et des procédés convenables pour une bonne et économique préparation d'un tel combustible, ces instruments et ces procédés seraient indubitablement ceux-là mêmes, ou à peu de chose près, qui se trouvent décrits dans les brevets d'invention délivrés primitivement à **M. Jules Guyot**, et dont M. le Comte Emmanuel Caccia est devenu acquéreur ; il faudrait donc, après un succès si chèrement acheté, s'exposer aux chances de longs procès et à la ruine complète d'une industrie naissante.

Nous ne voulons pas abuser de notre position pour profiter seuls des avantages qui résulteront de cette nouvelle industrie.

Nous venons, au contraire, faire appel à un grand nombre d'industriels, en les engageant à profiter de notre longue expérience et à participer aux avantages de la position que nous avons si péniblement acquise. Ils s'épargneront ainsi les frais et les mécomptes inévitables dans toute exploitation nouvelle, et pourront se livrer en toute sécurité à une industrie dont les éléments sont partout abondamment répartis, et qui s'adresse aux besoins les plus généraux de la consommation.

Une fabrique d'Hydrogène liquide sera établie par notre concours dans chaque département.

Nous enverrons nos appareils, nous les monterons nous-mêmes, nous en enseignerons l'emploi, nous en concéderons l'usage dans chaque circonscription. Tous les appareils et accessoires seront fournis sans aucun bénéfice de notre part; ils seront vérifiés et garantis par nous avant livraison : nous nous engageons à ne traiter qu'avec un seul concessionnaire par département. Nous donnerons communication de tous nos progrès ultérieurs dans cette industrie; nos concessionnaires seront par nous mis à même de fabriquer l'Hydrogène liquide comme nous le fabriquons et comme nous le fabriquerons à l'avenir.

Nos conditions de cession sont extrêmement modérées, et ne s'élèvent pas même au prix que demanderait un simple ingénieur pour élever une usine et à la part d'intérêt qu'il réclamerait pour la surveiller.

Ces conditions sont :

1º Le paiement immédiat d'une prime variant de 1,000 à 5,000 fr., en raison de l'importance du département et d'après le tableau ci-annexé ;

2º Une remise en notre faveur de 1 fr. 50 c. par hectolitre d'Hydrogène liquide ou d'alcool rectifié sorti des usines des concessionnaires.

Les souscripteurs se trouveront ainsi en possession d'une industrie productive, dont la prospérité est fondée sur des éléments positifs, et qui n'exige que l'emploi d'un capital fixe de peu d'importance.

Vous pourrez, Messieurs, vous en assurer en prenant connaissance des documents que nous joignons à cette lettre, et dont la rédaction a été faite avec une scrupuleuse exactitude. Vous verrez en même temps que, lorsque l'Hydrogène liquide est constitué dans des proportions convenables d'essences et d'esprits rectifiés, et telles que nos procédés seuls peuvent les produire, son pouvoir éclairant est au moins égal à celui de l'huile épurée brûlant dans la meilleure lampe Carcel, à consommation égale. Son prix de revient est de 50 à 75 fr. l'hectolitre, suivant la valeur commerciale de ses éléments. Ainsi, cet éclairage joindra les avantages de l'économie à ceux de la commodité et de l'élégance, par lesquels il l'emporte sur tous les éclairages portatifs connus.

Quant aux instruments de combustion de l'Hydrogène liquide, ils sont portés également à un haut degré de simplicité et de perfection. La fabrique de Paris est en mesure de fournir dès à présent un très-grand nombre d'appareils à des prix inférieurs à ceux des lampes à huile les moins compliquées. Du reste, les concessionnaires pourront les fabriquer ou les faire fabriquer eux-mêmes dans leur localité.

M. le Comte Emmanuel Caccia, chef de la maison de banque

Emmanuel Caccia et Cie de Paris, qui, par son concours et par ses capitaux, a donné à cette nouvelle industrie tout le développement qu'elle a atteint, assure à Messieurs les concessionnaires l'assistance personnelle et immédiate de M. le docteur Jules Guyot, aux travaux duquel sont dues toutes les applications pratiques de l'Hydrogène liquide à l'économie domestique, aux usages de luxe, à l'éclairage des malles-postes, des télégraphes, etc., etc. M. Guyot dirigera personnellement, ou par des ingénieurs choisis et instruits par lui, l'établissement de toutes les fabriques qui seront établies d'après nos conventions.

Vous trouverez ci-joint un tableau exact des prix des appareils nécessaires, un devis approximatif des frais et dépenses d'une usine, au minimum de 200 litres de production d'Hydrogène liquide par jour, des produits et des prix de revient du combustible dans cette fabrique, enfin les clauses et conditions à intervenir entre MM. les Souscripteurs et nous.

Agréez, Messieurs, l'assurance de ma considération la plus distinguée.

Le Directeur de l'Administration de l'Eclairage à l'Hydrogène liquide,

CAHIER DES CHARGES, CLAUSES ET CONDITIONS

Réglant l'Exploitation dans les Départements (excepté les départements de la Seine et de Seine - et - Oise) de l'Hydrogène liquide et l'emploi des Appareils brevetés de Rectification des Esprits qui servent à sa fabrication. Ledit cahier des charges composant avec la souscription du concessionnaire , les conventions de cession et d'acceptation ci-après :

ARTICLE 1er.

L'Administration de l'Eclairage à l'Hydrogène liquide, sise à Paris, rue Royale-Saint-Honoré, n° 25, fondée par M. le Comte Emmanuel CACCIA, qui, à l'effet des présentes, donne mandat spécial à M. Ch. SARCHI, Directeur de ladite Administration, s'engage à faciliter par son concours et sous les conditions ci-après, la création , dans chaque département, aux frais et risques des concessionnaires, d'un établissement pour la fabrication de l'Hydrogène liquide et la rectification des esprits.

ART. 2.

L'édification de ces établissements par le concours de l'Administration de Paris, qui s'engage à n'en créer par elle-même qu'un seul par chaque département, aura lieu, au moyen de l'application des procédés brevetés. Ces établissements seront montés par les soins du docteur Jules Guyot ou d'un ingénieur spécial choisi par lui, lequel ne quittera l'usine qu'après avoir mis tous les instruments en état de bien fonctionner, et avoir suffisamment instruit les personnes chargées par le concessionnaire de les diriger ultérieurement.

Art. 3.

Chaque concessionnaire des droits, avantages et moyens-pratiques de fabrication spécifiés ci-dessus paiera :

1° La prime afférente à chaque département, d'après le tableau ci-annexé ;

2° A titre de remise, un franc cinquante centimes par hectolitre d'Hydrogène liquide ou d'Esprit rectifié sorti de sa fabrique.

Art. 4.

Les concessions pourront comprendre un ou plusieurs départements.

Art. 5.

La prime spécifiée en l'article 3 se paiera comptant en signant l'acte d'adhésion au présent, sous la forme de souscription dont le modèle est ci-annexé.

La quittance du paiement desdites primes, qui sera mise à la suite d'un exemplaire du présent, signée par M. Caccia ou par ⸱⸱n mandataire, et dont le modèle suit celui de la souscription, rvira de titre définitif au concessionnaire.

Art. 6.

Chaque concessionnaire pourra établir des usines succursales ans l'étendue du département concédé, et augmenter le nombre ⸱ ses appareils. Il devra toutefois en donner préalablement avis l'Administration concédante. Il est bien entendu néanmoins qu'il ⸱ pourra, dans tous les cas, exiger l'intervention de l'Administra- ⸱n de Paris et de son ingénieur, que pour un seul établissement r département, et dans un seul local.

La remise de 1 franc 50 centimes par hectolitre sera due également sur chaque hectolitre d'alcool rectifié ou d'hydrogène liquide qui sortira de tous les établissements supplémentaires, fractionnés ou autorisés par les concessionnaires.

ART. 7.

Les frais d'acquisition, d'emballage, de transport, édification et autres dépenses généralement quelconques, se rapportant à l'établissement des usines dans les départements, seront à la charge des concessionnaires. Il en sera ainsi des frais de voyage et de séjour de l'ingénieur chargé, par l'Administration de Paris, de l'exécution de ces engagements. Ces frais sont fixés d'avance à 2 fr. 50 c. par myriamètre, et 15 francs par jour, dont moitié sera payée par anticipation par le concessionnaire d'après une évaluation de ces frais basée sur l'importance et la distance de Paris de l'établissement à fonder.

ART. 8.

L'Administration concédante est en mesure de fournir aux concessionnaires, à des prix modérés, les lampes et becs pour la combustion de l'hydrogène liquide dont ils pourront avoir besoin. Les concessionnaires seront libres cependant de les faire confectionner eux-mêmes dans leur localité, et ladite Administration se charge de leur fournir à cet effet les modèles nécessaires.

ART. 9.

Tout concessionnaire qui voudra, dans le fractionnement ou

dans l'extension dont il est question dans l'article 6, faire intervenir des tiers, devra en faire la déclaration préalable à l'Administration de Paris. Cette déclaration contiendra le nom et la demeure des sous-concessionnaires, ainsi que le nombre des appareils qui seront établis chez eux.

Art. 10.

Les remises stipulées en l'article 3 seront dues et perçues pendant dix ans, qui commenceront à courir du jour de la signature de chaque souscription : le paiement s'en fera de six en six mois, aux 30 juin et 31 décembre de chaque année, au domicile des concessionnaires, qui devront fournir aussi de six en six mois un état certifié véritable et sincère des quantités d'hydrogène liquide et d'alcool rectifié sorties de leur établissement, ainsi que des quantités produites par les sous-concessionnaires.

Art. 11.

Les conditions de prime et de remise dont il est question dans les articles précédents s'appliquent, ou à la fabrication de l'hydrogène liquide, ou à la rectification seule des esprits.

Art. 12.

Les souscriptions porteront un numéro d'ordre de réception : l'édification des usines aura lieu selon cet ordre ; mais, dans tous les cas, l'Administration s'engage à ne pas dépasser, pour expédier, monter et mettre en fonctions les appareils de rectification et de distillation de n'importe quel souscripteur, un laps de temps de cinq mois à compter du jour de l'acceptation de la souscription, c'est-à-dire du paiement de la prime, pourvu toutefois que le souscripteur n'apporte aucun retard, par son fait, quant au local, aux matériaux et aux ouvriers à fournir.

Art. 13.

Tout concessionnaire aura droit de visiter personnellement tous les établissements que pourrait avoir l'Administration concédante, afin d'y puiser tous les renseignements relatifs aux améliorations ou aux perfectionnements qui auraient pu s'y introduire successivement, et d'en faire profiter le sien propre.

Art. 14.

L'objet des présentes est l'établissement des appareils et la communication des procédés propres à constituer une bonne et complète fabrication de l'hydrogène liquide, instruments et procédés décrits dans les brevets obtenus par MM. Jules Guyot et Huguenet, et transférés depuis à M. le comte Emm. Caccia. Il est bien entendu que l'usage de ces brevets est concédé par les présentes, sans aucune espèce de garantie, et que les charges et conditions ci-dessus stipulées recevront leur plein et entier effet, quel que soit le sort desdits brevets.

Art. 15.

Tout concessionnaire aura le droit d'intenter, à ses risques et périls, tout procès en contrefaçon pour l'emploi des appareils et procédés brevetés faisant l'objet des brevets de MM. Jules Guyot et Huguenet, lesquels se rapportent à la fabrication de l'hydrogène liquide, aux appareils de combustion et aux procédés de rectification. A cet effet, l'Administration de Paris s'engage à donner audit concessionnaire, et à ses frais, tous pouvoirs et tous renseignements nécessaires. Ces actions seront aux frais et aux risques du concessionnaire, lequel profitera seul des dommages-intérêts qui pourront lui être accordés.

Paris, le 20 août 1843.

MODÈLE DE LA SOUSCRIPTION.

Je, soussigné,

après avoir pris lecture, 1° de la circulaire en date du
signée par l'Administrateur de l'Eclairage à l'Hydro-
gène liquide ; 2° de notice publiée par M. le docteur Guyot, relative à la
préparation de l'hydrogène liquide ; 3° du cahier des charges, clauses et
conditions réglant l'exploitation dans les départements de l'hydrogène
liquide du docteur Guyot, et l'emploi des appareils brevetés de rectification des esprits qui servent à sa fabrication, ledit cahier des charges en
date du 20 août 1843, signé par M. le comte Caccia ou son mandataire ;
4° des aperçus de dépenses et frais pour l'édification et l'exploitation
d'une usine, prix de revient de l'hydrogène liquide, et pièces diverses
jointes audit cahier des charges ;

Déclare souscrire pour le département de
moyennant la prime fixe de   mille francs, et en me soumet-
tant aux autres conditions énoncées dans le cahier des charges susmen-
tionné, déclarant être dans l'intention d'établir (*désigner ici le nombre et
la nature des appareils d'après les états et aperçus de dépense ci-joint*) ;
laquelle somme je m'engage à payer à présentation et à mon domicile, sur
le mandat fourni par MM. Em. Caccia et compagnie, banquiers à Paris.
Ce mandat acquitté me servira de titre définitif.

MODÈLE DE MANDAT.

Paris, le   184   B. P.   Fr.

A présentation, veuillez payer par ce mandat, à notre ordre, la somme
de   francs, valeur en prime fixe, pour la concession
à vous faite des procédés de fabrication de l'hydrogène liquide et de
rectification des alcools dans le département de
par les procédés et appareils du docteur Jules Guyot, et les communications que s'est engagé à vous fournir l'Administration à Paris de l'éclairage à l'hydrogène liquide.

Signé E. CACCIA et Cᵉ,
Banquiers à Paris, 66, rue Neuve-des-Petits-Champs.

A M.

TABLEAU

DES PRIX DE CONCESSION PAR DÉPARTEMENT.

Ain.	Bourg.	2,000 fr.
Aisne.	Laon.	4,000
Allier.	Moulins.	2,000
Alpes (Basses-).	Digne.	1,000
Alpes (Hautes-).	Gap.	1,000
Ardèche.	Privas.	3,000
Ardennes.	Mézières.	1,000
Arriége.	Foix.	2,000
Aube.	Troyes.	2,000
Aude.	Carcassonne.	3,000
Aveyron.	Rodez.	2,000
Bouches-du-Rhône.	Marseille.	5,000
Calvados.	Caen.	2,000
Cantal.	Aurillac.	1,000
Charente.	Angoulême.	3,000
Charente-Inférieure.	La Rochelle.	5,000
Cher.	Bourges.	1,000
Corrèze.	Tulle.	1,000
Corse.	Bastia.	1,000
Côte-d'Or.	Dijon.	2,000
Côtes-du-Nord.	Saint-Brieuc.	2,000
Creuse.	Guéret.	1,000
Dordogne.	Périgueux.	4,000
Doubs.	Besançon.	1,000
Drôme.	Valence.	3,000
Eure.	Evreux.	2,000
Eure-et-Loire.	Chartres.	1,000
Finistère.	Quimper.	3,000

Gard.	Nîmes.	4,000 fr.
Garonne (Haute).	Toulouse.	5,000
Gers.	Auch.	3,000
Gironde.	Bordeaux.	5,000
Hérault.	Montpellier.	5,000
Ille-et-Vilaine.	Rennes.	2,000
Indre.	Châteauroux.	1,000
Indre-et-Loir.	Tours.	2,000
Isère.	Grenoble.	3,000
Jura.	Lons-le-Saulnier.	1,000
Landes.	Mont-de-Marsan.	3,000
Loir-et-Cher.	Blois.	1,000
Loire.	Montbrison.	3,000
Loire (Haute-).	Le Puy.	1,000
Loire-Inférieure.	Nantes.	5,000
Loiret.	Orléans.	4,000
Lot.	Cahors.	3,000
Lot-et-Garonne.	Agen.	3,000
Lozère.	Mende.	1,000
Maine-et-Loire.	Angers.	2,000
Manche.	Saint-Lô.	3,000
Marne.	Châlons-sur-Marne.	2,000
Marne (Haute-).	Chaumont.	1,000
Mayenne.	Laval.	1,000
Meurthe.	Nanci.	4,000
Meuse.	Bar-le-Duc.	2,000
Morbihan.	Vannes.	1,000
Moselle.	Metz.	3,000
Nièvre.	Nevers.	1,000
Nord.	Lille.	5,000
Oise.	Beauvais.	1,000
Orne.	Alençon.	2,000
Pas-de-Calais.	Arras.	3,000
Puy-de-Dôme.	Clermont-Ferrand.	2,000
Pyrénées (Basses-).	Pau.	3,000

Pyrénées (Hautes-).	Tarbes.	2,000 fr.
Pyrénées-Orientales.	Perpignan.	2,000
Rhin (Bas-).	Strasbourg.	3,000
Rhin (Haut-).	Colmar.	2,000
Rhône.	Lyon.	5,000
Saône (Haute-).	Vesoul.	1,000
Saône-et-Loire.	Mâcon.	3,000
Sarthe.	Le Mans.	2,000
Seine-et-Marne.	Melun.	1,000
Seine-Inférieure.	Rouen.	5,000
Sèvres (Deux-).	Niort.	1,000
Somme.	Amiens.	3,000
Tarn.	Alby.	3,000
Tarn-et-Garonne.	Montauban.	3,000
Var.	Draguignan.	1,000
Vaucluse.	Avignon.	3,000
Vendée.	Bourbon-Vendée.	1,000
Vienne.	Poitiers.	2,000
Vienne (Haute-).	Limoges.	2,000
Voges.	Epinal.	1,000
Yonne.	Auxerre.	2,000

NOTE

SUR

L'HYDROGÈNE LIQUIDE,

SES QUALITÉS, SA COMPOSITION, SA PRÉPARATION, SES APPLICATIONS
ET SES RAPPORTS AVEC LA PRODUCTION ET LA CONSOMMATION;

Par le Dr JULES GUYOT.

L'Hydrogène liquide est, comme son nom l'indique, un liquide qui, par l'action de la chaleur de sa propre combustion, s'évapore entièrement et sans résidu, en donnant un foyer de lumière beaucoup plus éclatante et plus pure que celle du gaz hydrogène percarboné qui sert à l'éclairage.

Ce liquide est incolore, limpide; il est d'une propreté parfaite, sans viscosité; il ne tache ni les étoffes ni les mains; il n'a point une volatilité telle que ses transvasements ou sa conservation en éprouvent la moindre difficulté : le temps ne lui fait subir aucune altération; l'expérience semblerait démontrer qu'il s'améliore en vieillissant. Il faut, pour le vaporiser, une chaleur d'au moins 100 degrés centésimaux. Sa pesanteur spécifique varie suivant la qualité et la quantité d'huiles essentielles qui entrent dans sa composition:

elle est en moyenne de 0,840, celle de l'eau étant 1,000 ; son odeur est intermédiaire entre celle de l'essence employée et celle de l'esprit de vin : cette odeur n'est pas expansive ; elle ne s'étend pas au-delà des vases qui la renferment ; il ne développe pas d'odeur à la combustion.

La propriété physique la plus précieuse de l'*Hydrogène liquide* est de pouvoir s'élever par capillarité le long d'un tampon de coton jusqu'à la hauteur de 15 à 16 centimètres. Cette propriété permet d'employer à sa combustion des lampes de la plus grande simplicité : elles se réduisent toutes à un vase semblable à un flacon, sur le goulot duquel est vissé un tube de cuivre, ouvert à ses deux extrémités, rempli dans toute sa longueur d'un tampon de coton ; ce tube plonge jusqu'au fond du vase, et s'élève en dehors et au-dessus de 4 à 5 centimètres ; son extrémité supérieure est coiffée d'une capsule percée de petits trous symétriquement disposés autour d'un tubercule central : en chauffant cette capsule, la vapeur sort par les petits trous, s'enflamme et donne un beau foyer de lumière ; la chaleur de ce foyer, recueillie par le tubercule central, entretient régulièrement l'évaporation du liquide, que le tampon fait monter sans cesse, jusqu'à ce qu'il n'en reste plus une seule goutte dans le vase.

Dans un même tampon, la capillarité peut fonctionner pendant deux et trois mois ; le service quotidien des lampes se borne donc à remplir le réservoir.

L'Hydrogène liquide admet tous les modes de combustion, à simple ou à double courant d'air ; il donne toutes les grandeurs de foyers, depuis la veilleuse jusqu'aux plus grands becs de gaz ; il admet toutes les formes de lampes à l'huile avec de légères modifications ; mais il a ses formes propres beaucoup plus simples et plus commodes que celles des autres genres d'éclairage.

L'Hydrogène liquide est inflammable au contact d'un corps allumé, comme l'esprit de vin ou l'essence de térébenthine; mais il n'a aucune tendance explosive : son maniement est aussi peu dangereux que celui de l'eau-de-vie; si le raisonnement ne suffisait pas pour démontrer cette vérité, l'expérience la confirmerait pleinement.

L'Hydrogène liquide se compose d'huiles essentielles très-rectifiées et d'esprits presque absolus, marquant 99 degrés centésimaux, correction faite de la température.

Les proportions d'alcool et d'huile essentielle varient suivant l'usage auquel l'hydrogène liquide doit être consacré, depuis 25 d'essence pour 75 d'esprit, jusqu'à 60 parties d'essence pour 40 d'esprit. Cette dernière composition, où l'esprit contient le maximum d'huile essentielle, possède, à consommation égale, un pouvoir éclairant plus grand que l'huile épurée, brûlée dans la meilleure lampe Carcel ; tandis que l'hydrogène liquide qui ne renferme que 25 p. 100 d'essence, n'éclaire que comme 40, l'huile éclairant comme 70, à consommation égale.

L'Hydrogène liquide, à 25 parties d'essence pour 75 parties d'esprit, brûle avec une belle flamme blanche et sans fumée à l'air libre ou renfermé dans des lanternes, sans emploi nécessaire de verres de tirage ; il est destiné à l'éclairage des voitures, des télégraphes, des vaisseaux, et généralement de tout ce qui doit éprouver une grande agitation. Les proportions plus élevées d'essence donnent un hydrogène liquide fumant à l'air libre, mais brûlant sans fumée et avec une lumière dont l'éclat augmente avec la proportion du corps percarboné, au moyen de becs et de verres de tirage appropriés : elles servent aux éclairages d'intérieur.

Au-dessous de 25 parties d'essence pour 75 parties d'esprit, le mélange ne possède pas un pouvoir éclairant suffisant pour qu'il

soit possible de l'employer ; ce sont des mélanges formés de 15,
18 et 20 parties d'essence pour 85, 82 et 80 parties d'esprit, à
92 ou à 94 degrés, qu'on a désignés sous les noms de *gaz illuminant*, *gaz américain*, *éclairage berlinois*, *anti-gaz*, *alcool
térébenthiné*, *hydro-gaz*, etc., etc., toutes productions inutiles et
justement abandonnées. Ce jugement ne paraîtra, j'espère, ni
sévère, ni partial, lorsque j'aurai fait connaître la seule préparation
possible de l'Hydrogène liquide.

L'Hydrogène liquide emploie indifféremment les esprits de toutes
provenances, de vins, de grains, de fécules, etc. Il emploie également bien les huiles essentielles de térébenthine, de goudron,
de houille, de schiste.

La condition indispensable pour que l'hydrogène liquide constitue un bon éclairage sur les qualités duquel on puisse toujours
compter, est que ses deux éléments soient séparés de tout corps
étranger et amenés à un état de pureté parfaite par une rectification
absolue de l'un et de l'autre. Quelles que soient les opinions ou
les préventions à cet égard, cette condition est rigoureuse, et
l'éclairage à l'Hydrogène liquide est impossible si elle n'est pas ob-
servée.

Ce sont les opérations que nécessitent ces rectifications qui en-
traînent les principaux frais de la préparation ; il n'a pas fallu dépenser moins de 150,000 francs, et travailler pendant moins de
cinq ans, pour arriver à les rendre aussi pratiques et aussi économiques qu'elles sont aujourd'hui.

L'esprit doit être rectifié à 99 degrés, 1° parce que, quand il
contient plus de 1 à 2 p. 100 d'eau, cette eau se décompose à la
combustion, forme avec son oxygène et l'essence un produit empyreumatique d'une odeur telle que l'éclairage des appartements
clos serait impossible ; 2° parce que, au-dessous de cette rectifica-

tion, l'esprit ne peut dissoudre et tenir dissoute, à toutes les températures de notre climat, une quantité d'essence suffisante pour donner un éclairage même médiocre.

Pour opérer cette rectification, il faut d'abord demander au commerce des esprits à 36 degrés Cartier ou 90 degrés Gay-Lussac, autant que possible, pour éviter la nécessité d'employer une trop grande quantité de chaux : la quantité de chaux vive à employer est déjà énorme. Il faut que cette chaux soit disposée d'une façon particulière, dans des alambics spéciaux, pour qu'elle agisse sur toute la masse de l'esprit, qu'elle se dessèche entièrement, et qu'elle puisse être enlevée facilement après l'opération. La rectification des esprits à l'absolu n'existait jusqu'à présent qu'à l'état de procédé de laboratoire ; elle entraînait des pertes considérables en esprit pur, en main-d'œuvre et en combustible : aussi l'esprit absolu se vend-il fort cher. Les seuls procédés pratiques de rectification sont ceux que nous employons, et les dernières portions d'eau sont tellement difficiles à séparer des esprits, que je doute qu'on puisse jamais arriver à des procédés de rectification plus simples, puisqu'ils n'élèvent le prix du litre d'alcool que de 6 à 7 centimes. La perte moyenne sur un hectolitre de 3/6 du commerce, est de dix à douze litres d'eau, et de un litre et demi à deux litres et demi d'esprit pur.

L'essence doit être rectifiée, car elle contient toujours une quantité de résine suffisante pour obstruer promptement la capillarité des tampons ; et quand même elle serait assez bien et assez récemment distillée pour n'en pas contenir, il s'en forme une quantité suffisante pour qu'il soit nécessaire de l'enlever, lorsqu'on la mélange avec de l'esprit : soit que cette formation provienne de l'oxygène atmosphérique dissout dans l'esprit, soit qu'elle résulte d'une faible réaction de l'esprit sur l'essence, le fait de sa production est incontestable. D'ailleurs, dans la production en grand de l'hydrogène liquide, comment serait-on toujours assuré d'employer des essences parfaitement exemptes de résine? La rectification des essences est donc nécessaire; elle est nécessaire après leur mélange avec les esprits, et la distillation simultanée des deux éléments est un principe essentiel de la préparation de l'hydrogène liquide. Du reste, ce principe se trouve d'accord avec l'économie, car les essences devant être rectifiées, le procédé le plus rapide et le moins coûteux est de les distiller avec la vapeur d'esprit : pour cette opération, il faut encore des instruments et des dispositions spéciales, les vapeurs d'essence et d'esprit étant d'inégale densité. Cette opération n'entraîne guère qu'une dépense de 2 à 3 centimes par litre.

Quelque économique que soient ces opérations relativement aux difficultés qu'elles présentent, on conçoit néanmoins que la plupart de ceux qui se sont efforcés de préparer des alcools carburés, aient voulu s'en affranchir en proclamant *a priori* leur inutilité, 1° parce qu'il leur semblait plus commode et moins dispendieux de faire un éclairage avec un simple mélange; 2° parce qu'il est impossible de se procurer des esprits absolus à bon marché; 3° parce qu'il fallait monter une usine spéciale avec des appareils trop coûteux à expérimenter; 4° parce qu'il faut dénaturer ou plutôt grever d'un prix important les éléments de l'hydrogène liquide, et par conséquent courir des risques commerciaux en approvisionnement et fabrication à l'avance, qui seraient évités si l'on n'avait qu'à mélanger les essences et les esprits au fur et mesure de la vente. Toutes ces raisons sont en effet très-bonnes pour souhaiter qu'on arrive à mélanger simplement les 3/6 et les essences pour en faire un moyen d'éclairage parfait : malheureusement cela est impossible; et j'ai quelque autorité pour le dire, car j'ai passé cinq ans à tenter tous les moyens d'éviter la rectification des esprits et celle des essences; j'ai employé le camphre, le méthylène ou esprit de bois, les éthers et les réactifs de toute espèce, pour augmenter le pouvoir dissolvant des 3/6 sur les essences ; j'ai employé les niveaux constants sans tampon ; j'ai employé les tampons métalliques ; essayé toutes les formes de lampes possibles pour éviter la purification absolue des essences : tous mes efforts ont été vains, et je suis retombé sans cesse sur la nécessité de rectifier les esprits à l'absolu, et de purifier les essences par leur distillation simultanée avec les esprits rectifiés pour constituer un combustible d'éclairage véritablement *marchand*.

C'est en 1838 que je commençai mes recherches sur l'emploi des esprits mélangés aux essences comme moyen d'éclairage. Un grand nombre d'essais avaient été tentés, dans le même sens, en Amérique et en Allemagne, longtemps auparavant. Jennings, aux Etats-Unis, avait été jusqu'à répandre dans le commerce un mélange de six parties d'esprit et une partie d'essence. Les frères Muller avait présenté à la société scientifique de Mulhausen une lampe brûlant un combustible composé d'essence et d'esprit dans les mêmes proportions que Jennings. En France, une société s'était formée pour introduire dans le commerce le liquide américain. Enfin, en 1837, M. Breuzin, lampiste de Paris, avait mis à l'exposition des lampes, qu'il avait déjà su rendre plus propres que celles de ses devanciers, à brûler le mélange d'essence de térébenthine et d'esprit; il avait également eu l'idée d'augmenter la proportion d'essence en employant des esprits un peu plus rectifiés que ceux du commerce pour faire son mélange. Mais, ni les lampes, ni le combustible employé, ne pouvaient constituer autre chose qu'une ingénieuse curiosité, tout en faisant espérer à ces dispositions un avenir de grande application et de véritable utilité.

C'est seulement vers la fin de 1839 que je pus compter sur un mode de préparation assez régulier et assez satisfaisant de l'hydrogène liquide et de ses appareils. C'est à cette époque que je commençai à en faire l'application aux télégraphes; les premiers essais que j'en fis aux voitures, et particulièrement aux malles-postes, n'eurent lieu qu'à la fin 1840; et un an après seulement, en novembre 1841, les procédés de fabrication de l'hydrogène liquide, et les modèles de lampes et de lanternes de tous genres, étaient assez perfectionnés pour qu'ils fût permis de les introduire dans l'usage public. Une usine fut montée, l'hydrogène liquide fut produit en grand; des lampes furent exécutées en grande fabrication et, le 12 mars 1842, des magasins furent ouverts à Paris, et l'éclairage à l'Hydrogène liquide fut acquis au commerce.

A partir de ce moment, l'attention des producteurs, déjà éveillée par les publications des journaux sur le nouvel éclairage des télégraphes, par le passage des malles-postes, qui ont sillonné toutes les parties de la France, éclairées à l'Hydrogène liquide; cette attention, dis-je, redoubla par les nouvelles de Paris, et bientôt des demandes d'échantillons de lampes et de combustibles furent faites de tous les départements, et de nombreuses relations furent entamées avec la Société de l'Hydrogène liquide.

Mais la question des droits énormes perçus sur le nouveau combustible dut éloigner tous les commerçants sérieux et prudents; tandis que les frelons de l'industrie, qui ne connaissent aucun frein, qui n'admettent aucune expérience supérieure à l'instinct de leur avidité, s'éloignaient de même, confiants dans le peu de renseignements qu'ils avaient pu recueillir, et persuadés à l'avance qu'ils allaient fabriquer l'Hydrogène liquide par des procédés beaucoup plus simples et plus économiques, qui leur permettraient en même temps d'échapper aux droits (1). Tous se sont tompés, et n'ont

(1) C'est ainsi qu'un individu pensait réussir en disant : prenez de la mélasse et de la houille (la mélasse produit l'alcool, la houille produit une huile essentielle), et vous aurez un éclairage. Un autre dit aujourd'hui partout qu'il fait un

réussi qu'à discréditer le nouvel éclairage en y substituant, sous des noms plus ou moins appropriés, des mélanges sans pouvoir éclairant, répandant une odeur forte à la combustion, encrassant rapidement les tampons et se décomposant au moindre abaissement de température.

Pourtant, les principes de la bonne préparation de l'Hydrogène liquide ne sont aujourd'hui un secret pour personne, pas même pour ceux qui produisent *l'hydrogaz, le gaz illuminant, l'alcool térébenthine, l'antigaz,* etc.; mais ces principes, qui demandent, pour être appliqués, une solide expérience, des instruments spéciaux, des avances de fonds, des établissements sérieux, qui sont à la fois la garantie du producteur, du consommateur et du trésor; ces principes sont trop embarrassants pour être admis, et surtout pratiqués, par l'espèce d'industriels dont je parle ici.

Quoi qu'il en soit, pendant le cours de l'année 1842, l'exploitation en grand vint nous apprendre que si les principes d'une industrie nouvelle pouvaient être posés dans un laboratoire, ce n'est point là que se résolvent les problèmes de leur application manufacturière. Aussi ce nouveau genre d'expérience dût-il me conduire à réformer tous les appareils de rectification et de distillation simultanée, et à les remplacer par des appareils entièrement différents des premiers, dont le travail simple et régulier assure désormais à la production de l'Hydrogène liquide une stabilité parfaite et la plus grande économie possible.

C'est par le concours efficace et persévérant de M. le comte Emmanuel Caccia que j'ai pu conduire à bonne fin ces expériences

éclairage avec l'esprit de bois ; or, l'esprit de bois est trois fois plus cher à obtenir que l'alcool, et sa production est si minime qu'elle n'entretiendrait pas cent becs par an en France. Ces deux exemples suffiront pour montrer la confiance que doivent inspirer ces éclairages.

et ces applications en grand : le nouvel éclairage serait loin encore de sa dernière perfection, s'il avait dû se restreindre dans de mesquines et courtes épreuves.

L'Hydrogène liquide, ai-je dit, emploie les esprits de toutes provenances ; tous lui sont également bons, pourvu qu'ils soient rectifiés à 99 degrés. Or, les esprits s'obtiennent en abondance, non-seulement des vignes dont la culture occupe des terrains qui ne sont propres qu'à elle, mais encore des menus grains et des pommes de terre, qui occupent également les portions les plus étendues et les moins riches du sol ; la betterave, qui donne des esprits en quantité proportionnelle énorme, occupe il est vrai de très-bons terrains, mais sa richesse en esprits compense la valeur du terrain qu'elle occupe. L'extraction des esprits de ces divers produits n'entraîne pas des frais bien considérables, puisque le commerce les livre à 40 fr. l'hectolitre, rectifiés à 88 degrés, et qu'il les a livrés à 35 fr.

Au point de vue de l'économie politique, il serait très-avantageux d'appliquer une matière aussi facile à produire et à si bas prix, à satisfaire un des besoins les plus importants et les plus généraux de la vie, celui de l'éclairage. Il est évident que l'avilissement du prix d'une denrée ne peut tenir qu'à l'abondance et à la facilité de sa production d'une part, et d'autre part à l'absence des débouchés suffisants ; il tient encore à une troisième condition, celle de ne pouvoir faire donner à la même terre un produit plus avantageux : s'il en était autrement, les pommes de terre, les menus grains et les vignes seraient bientôt remplacés par des cultures plus riches et plus recherchées. Ces trois causes se réunissent pour faire baisser de plus en plus la valeur des esprits ; et pour montrer tout d'abord l'avantage économique qui résultera de l'application des esprits à l'éclairage, il suffit d'indiquer que l'hectolitre d'huile de colza, destinée au même objet, coûte aujourd'hui de 90 à 100 fr. Le colza, et généralement les plantes oléagineuses, occupent les plus riches portions de notre sol, précisément celles où le blé viendrait en abondance ou qui seraient occupées par les meilleurs paturages ; leur culture constitue donc une espèce d'envahissement de l'éclairage sur la nourriture de l'homme : le bas prix des huiles à brûler ne saurait donc se maintenir d'une façon permanente, puisqu'elles sont produites par des plantes annuelles qui peuvent être immédiatement et avantageusement remplacées. S'il fallait une preuve de ce que j'avance, je dirais qu'aucun sol, aucun climat n'est plus propre que celui d'Angleterre à la production du colza, et pourtant les Anglais s'occupent peu de cette culture : les blés et les pâturages pour leurs moutons et leurs bœufs passent bien avant les plantes oléagineuses dans leur industrie agricole.

Pour apprécier quel serait l'importance des débouchés ouverts aux esprits pour l'adoption de l'éclairage à l'hydrogène liquide, il faut, par hypothèse, déterminer la part qu'il prendrait à l'éclairage total de la France.

Les statistiques donnent une moyenne de 2 centimes par jour et par habitant d'éclairage dépensé en huile, suif, bougie et gaz ; la dépense annuelle pour 34,000,000 d'habitants est de 248,000,000 f. En admettant que le tiers de l'éclairage sera fourni par l'hydrogène liquide, soit pour une valeur de 82,733,000 fr., dont la moitié soit 41,366,000 fr. représente la somme versée sur le marché des esprits.

Une somme pareille viendrait agrandir et encourager l'industrie et le commerce des huiles essentielles.

J'ai dit que l'*Hydrogène liquide* employait également bien à sa composition les huiles essentielles de térébenthine, de goudrons végétaux, de houille et de schiste.

Ces produits se tirent, comme les esprits, des végétaux occupant les terrains les plus inférieurs et les plus étendus : les pins et les sapins forment d'immenses forêts à peine exploitées sous le point de vue qui nous intéresse ; l'industrie a de grands progrès à faire dans ce sens, surtout pour la préparation et l'exploitation des goudrons. L'essence de térébenthine elle-même, retirée en aussi grande quantité que possible dans certaines parties de la France, est presque entièrement négligée dans certaines autres.

L'extraction des essences de goudron entraînerait le perfectionnement de la fabrication des goudrons qui se ferait en vases clos, et par conséquent sans entraîner les pertes énormes d'huiles essentielles qu'on subit aujourd'hui dans cette opération, et créerait en même temps en France une industrie presque ignorée, et pratiquée si utilement et si largement en Angleterre : le raffinage ou plutôt la cuisson des goudrons.

Par la distillation des goudrons, on retire des essences et de l'acide acétique ; mais le résidu constitue un produit plus précieux encore, et d'autant plus important qu'on peut y ajouter de la résine et utiliser ainsi des masses de cette matière qui est sans débouchés.

Le résidu de la distillation des goudrons est noir, très-solide après refroidissement, élastique et non fragile ; il rend presque indestructible tous les bois et toutes les cloisons qu'il recouvre ; comme protection, aucune peinture ne peut l'emporter sur lui, et, mélangé à la résine, il peut mieux que le bitume servir à former des couvertures et des plans solides sur lesquels on peut marcher en tout temps, même sous *l'insolation* la plus ardente.

Les essences retirées de la houille, dans la proportion d'environ 10 kilogrammes pour 100, diminueront d'une façon notable le prix du coke, et donneront ainsi une amélioration sensible sur le prix des fers. Les usines à gaz produisent une faible quantité de ces essences, parce que la plus grande partie est décomposée par la chaleur que subit la houille dans les cornues à gaz ; c'est aussi par l'excès de chaleur que le coke de ces usines est de très-mauvaise qualité. L'expérience démontre qu'en opérant sur la houille en vases clos à une température plus basse et suffisante pour volatiliser toutes les huiles essentielles qu'elle contient, on obtient une beaucoup plus grande quantité d'essences et un coke d'une qualité supérieure.

Enfin, l'adoption du nouvel éclairage relèvera une industrie pleine d'intérêt, commencée avec succès par la science, puis abandonnée faute de débouchés. Je veux parler de l'extraction des huiles essentielles de schiste. 100 kilogrammes de ces essences non épurées revenaient à peu près à 15 francs. Elles contenaient 60 p. 100 d'une huile essentielle très-volatile, très-légère spécifiquement et très-propre à l'éclairge, plus 40 p. 100 d'une graisse noire, onctueuse comme le suif et meilleure qu'aucune autre pour les machines.

Ainsi, les arbres résineux, les houilles et les schistes, telles sont les sources intarissables des huiles essentielles employées par l'Hydrogène liquide. Ces produits proviennent d'un sol immense, pauvre, qui ne peut produire autre chose ; le marché qui leur serait ouvert créerait ou encouragerait plusieures industries importantes.

Si l'hydrogène liquide intéresse au plus haut degré la production, il n'est pas moins avantageux à la consommation.

J'ai dit, et c'est un fait acquis par de longues et solides expériences, que l'éclairage à l'*Hydrogène liquide* l'emportait sur tous les autres combustibles pour les malles-postes et les télégraphes, et généralement pour tout ce qui doit subir des mouvements et des chocs multipliés, les vaisseaux, les trains de fer, etc.

Sa faculté de donner un foyer de lumière aussi grand qu'on peut le désirer, et de l'entretenir toujours égal pendant des mois entiers, sans aucun soin, pourvu que le réservoir d'alimentation soit suffisant, lui assure l'éclairage des phares et surtout des phares éloignés et isolés en mer, qui pourront brûler constamment sans qu'il soit nécessaire d'y entretenir des stationnaires.

Son extrême propreté et sa propriété de ne point tacher lorsqu'il est renversé, rend son emploi indispensable par tous les tisseurs d'étoffes et surtout de soieries.

Ses lampes, d'une simplicité extrême dans leur structure et dans leur emploi, sont d'un prix bien inférieur au prix de toutes les autres lampes.

Enfin, dégrevé de l'impôt des esprits qu'il emploie, il devient lui-même assez peu coûteux pour présenter à tous, outre ses autres avantages, une économie importante dans l'éclairage domestique.

En prenant les bases fournies aujourd'hui par l'usine de Saint-Cloud, chaque hectolitre d'hydrogène liquide coûte, en frais généraux et en main-d'œuvre . . . . 4 fr. 68 c.

Chaque hectolitre se compose de 50 litres d'essences de térébenthine extraits de 51 litres à 60 fr. l'hectolitre . . . . soit 30 60

Et de 50 litres d'esprit rectifié, provenant de 75 litres d'esprit du commerce, à 45 fr. l'hectolitre . . . . soit 25 65

Chaux vive pour la rectification . . . . soit 1 45

40 kil. de bois pour la rectification et la distillation simultanée . . . . soit 1 60

On trouve pour total du prix de revient de l'hectolitre. 63 98

En admettant 64 fr. pour prix de revient de l'hydrogène liquide composé de parties égales d'essences et d'esprits rectifiés, 6 fr. de droit de dénaturation et 10 fr. de bénéfice, on obtient le prix de vente de 80 fr. l'hectolitre, qui est bien inférieur aux prix de l'huile épurée, quoique tous les prix élémentaires soient évidemment plus élevés à Paris qu'ils ne seront et qu'ils ne sont en province.

Il suffit d'ajouter à ces données ce que j'ai déjà dit, que l'*Hydrogène liquide*, ainsi composé, possède, à peu de chose près, à consommation égale en poids, un pouvoir éclairant aussi grand que la meilleure huile épurée, brûlant dans la meilleure lampe Carcel, pour constater que ce nouvel éclairage est véritablement économique, et qu'il est appelé à prendre une large place dans la consommation usuelle.

Dr JULES GUYOT,

A Argenteuil, près Paris (Seine-et-Oise).

(NOTA). Je m'empresserai de répondre à toutes les questions sérieuses qui me seront adressées sur les préparations et l'emploi des alcools et des esprits de bois, des essences de térébenthine, des essences de goudron, des essences de houille et de schiste ; je donnerai tous les renseignements nécessaires pour asseoir ou perfectionner ces exploitations ; je répondrai de même à toutes les questions relatives à la construction des lampes, lanternes et autres instruments propres à l'emploi de l'hydrogène liquide ; enfin, je dirai quelles sont les meilleures dispositions à prendre pour l'établissement des différentes usines. (Les lettres qui me seraient adressées directement pour ces objets devront nécessairement être affranchies.)

Prix exacts d'un appareil de rectification rectifiant 100 litres par jour en une seule chauffe.

Chaudière en fer, avec porte en fonte, rodée et ajustée, fermant hermétiquement par une seule vis de pression . . . . fr.   320   »

Trompe en cuivre, serpentin et pièces de raccord. . .   200   »

Réfrigérant cerclé en fer, et son trépied.   100   »

Portes du fourneau et du cendrier, registres, barres de fer pour supporter la chaudière et la route.   80   »

fr.   700   »

N. B. Le réfrigérant et son support pouvant être construits sur place, le prix total des objets à expédier pour un appareil serait de.   . . . . fr.   600   »

Prix exacts d'un appareil de distillation simultanée des essences et des esprits rectifiés, distillant 250 litres d'hydrogène liquide en deux chauffes.

Chaudière, trompe et serpentin, le tout en cuivre rouge, pesant ensemble 150 kilogrammes, à 4 fr. le kilogramme. . . fr.   600   »

Pièces de raccord.   20   »

Réfrigérant cerclé en fer, et son trépied.   100   »

Portes du fourneau et du cendrier, registres, vis de pression, barres de fer pour la route et la chaudière. . .   80   »

fr.   800   »

N. B. Moins le réfrigérant, qui peut être construit sur place, le prix total des objets à expédier serait de. . . fr.   700   »

Devis approximatif.

Le transport des deux appareils, l'établissement de leurs

fourneaux, leur montage, ajustage, etc., coûteront environ de 5
à 500 francs.

L'établissement d'une pompe à eau, avec réservoir supérieur aux
réfrigérants, les conduits d'apport et de décharge pour le service
des deux appareils, coûtera environ 600 fr. ; en moyenne, les deux
articles ci-dessus coûteront environ. . . . . fr. 1,000 »

La fabrique composée de deux appareils exige quatre
cuves de la capacité de 7 à 800 litres, et une demi-dou-
zaine de futailles de moindre capacité ; tous ces vaisseaux
doublés en fer-blanc soudé, pour conserver sans coulage
les esprits, essences et hydrogène liquide. . . . .   600 »

Tous les autres accessoirs, tels que tisoniers, pelles et
pincettes, mains de fer, table à casser la chaux, marteau,
racloirs, boîtes à ôter la chaux, bascules et poids, bidons
en fer-blanc de 20 à 25 litres, mesures en fer-blanc depuis 10 litres jusqu'à 1/2 litre, entonnoirs, thermomètres,
alcoomètres, lampes d'essai, robinets éprouvettes, mer-
lin, coins de fer, scie, etc., etc., coûteront moins de. .   600 »

Appropriation des bâtiments. . . . . 1,000 »

Total de la dépense à faire. . . . . 3,200 »

Fonds de roulement.

Avec une fabrique ainsi montée sur la plus petite échelle, on peut
fabriquer par jour 200 litres d'hydrogène liquide composé de parties
égales d'essence et d'esprit.

Il suffit d'avoir une semaine à l'avance de matériaux pour fabriquer, et une semaine à l'avance d'hydrogène liquide tout fabriqué ;
soit : 800 litres d'esprit mauvais goût du commerce, à 45 fr.
l'hectolitre . . . . fr. 360 »

715 litres d'essence de térébenthine, 60 fr. l'hec-
    tolitre . . . .   **429**   »
560 kilogrammes de bois. . . . .   **20**   »
400 kilogrammes de chaux-vive premier choix . .   **16**   »
  7 journées d'un homme, ouvrier spécial, à 3 fr.   **21**   »

                                    fr.   **846**   »

Les 800 litres d'esprit du commerce à 89 ou 90 degrés centésimaux rendront 700 litres d'esprit rectifié au-dessus de 98 degrés.

Les 715 litres d'essence rendront, distillés avec les 700 litres d'esprit, 1,400 litres d'hydrogène liquide qui formeront l'approvisionnement d'une semaine, soit : . .   **846**   »

    Total de l'approvisionnement. . . . . fr.   **1,692**   »

On voit que, dans la plus petite fabrique, et en dehors des frais généraux, 1,400 litres d'hydrogène liquide coûtent 846 francs, soit 60 fr. 43 cent. l'hectolitre; en ajoutant 1 fr. 50 cent. par hectolitre de redevance, soit 62 fr., en nombre rond, l'hectolitre; enfin, en supposant le droit de dénaturation à 9 fr., on arrivera à 71 fr., et avec 10 fr. de bénéfice de vente à 81 fr. l'hectolitre en exagérant la plupart des données.

Pour une dépense première au-dessous de 7,000 fr., et un fonds de roulement au-dessous de 3,000 fr., on obtient un produit net de plus de 7,000 fr. par an.

Le prix de revient baisse à mesure qu'on augmente la force de production de l'usine; il baisse également de 15 à 16 fr. par hectolitre si l'on emploie les essences de houille et de schiste au lieu d'essence de térébenthine.

Rectification seule.

Un appareil ne peut rectifier, à 99°, que 100 litres par jour, en employant 115 litres d'esprit du commerce à 56° Cartier, soit 90° centésimaux.

Main-d'œuvre : Un seul homme conduit 2 appareils à 3 fr. par jour ; chaque hectolitre d'esprit rectifié supporte donc. 1 fr. 50 c.

Frais généraux : Par chaque hectolitre. 3   »

'Chaux. 1   40

Bois. , ... , . 1   10

TOTAL des frais par hectolitre. . . . . 7 fr.   » c.

Si nous supposons l'esprit du commerce, mauvais goût, valoir 45 fr., 115 litres coûteront 51 fr. 75 c. ; si l'on ajoute 7 fr. de frais, on aura 58 fr. 75 c. pour la valeur d'un hectolitre rectifié, toutes dépenses et pertes en eau et en alcool comprises.

Nous allons donner une formule générale, très-simple et très-exacte, pour établir immédiatement le prix de l'hectolitre rectifié, étant donné le cours du commerce et quel qu'il soit :

« Ajouter au prix du cours autant de fois 15 centimes que le
» cours donne de francs au-dessus de 20 fr., plus 10 fr., et la
» somme totale sera le prix exact de l'hectolitre rectifié. »

EXEMPLE : L'esprit à 56° Cartier se vend 50 fr. ; 50 dépassent 20 fr. de 30 fr. ; donc trente fois 15 centimes égalent 4 fr. 50, qui, réunis à 50 fr., donnent 54 fr. 50 c. ; plus 10 fr., égalent 64 fr. 50 c., qui sont en effet la valeur de l'hectolitre d'alcool à 99° centésimaux, l'esprit à 90 se vendant 50 fr.

Voici, du reste, le rapport tout déduit entre 40 et 60 francs.

Valeur de l'hecto. d'esprit du commerce.	Valeur de l'esprit rectifié.		Valeur de l'hecto. d'esprit du commerce.	Valeur de l'esprit rectifié.	
fr.	fr.	c.	fr.	fr.	c.
40	53	»	51	65	65
41	54	15	52	66	80
42	55	30	53	67	95
43	56	45	54	69	10
44	57	60	55	70	25
45	58	75	56	71	40
46	59	90	57	72	55
47	61	05	58	73	70
48	62	20	59	74	85
49	63	55	60	76	»
50	64	50			

Il ne faudrait pas induire de ces chiffres que la perte réelle est égale à la différence des prix du commerce avec les prix de rectification ; car, dans un hectolitre rectifié, il y a 99 litres d'esprit pur, tandis qu'il n'y en a que 90 dans un hectolitre du commerce.

Ainsi, 60 fr. étant la valeur supposée de l'esprit du commerce, divisée par 90 degrés, le degré vaut 66 cent. 2/3 ; tandis que 76 fr. étant la valeur de l'esprit rectifié, divisée par 99, le degré vaut 76 cent. 3/4 ; la différence réelle est de 10, plus une fraction, tandis qu'elle paraît 16 dans les chiffres posés ; l'augmentation est de 1/7 environ, tandis qu'elle serait de 1/4 au premier aperçu.

Le genre de rectification que nous pratiquons peut offrir au commerce des esprits de marcs, de fécules de betteraves, etc., plusieurs avantages : celui de les débarrasser entièrement d'huile empyreumatique et de mauvais goût ; plus, celui de diminuer leur volume et leur poids de 10 p. 100. C'est à MM. les distillateurs d'apprécier si ces avantages ont une importance suffisante.

Les exploitations principales de l'alcool rectifié sont : les parfums, les eaux de Cologne, les préparations pharmaceutiques, mais surtout les fournitures aux fabricants d'hydrogène liquide ; cette dernière application peut entraîner des demandes énormes.

CHAMBRE DES DÉPUTÉS , SESSION DE 1845.

RAPPORT

Fait au nom de la Commission (1) chargée de l'examen de la proposition tendant à affranchir de tous droits les esprits et eaux-de-vie rendus impropres à la consommation ;

Par M. VIGER , Député de l'Hérault.

Séance du 1er juin 1843.

Messieurs ,

En procédant à l'examen de la proposition qui vous est soumise, votre Commission a dû sans doute se préoccuper de la situation des propriétaires vinicoles, mais elle a dû aussi prendre en considération les intérêts du trésor public et l'intérêt général du pays. Pour satisfaire pleinement à sa tâche, elle s'est entourée de bien des renseignements, a appelé dans son sein M. le Ministre des finances et les honorables auteurs de la proposition; elle a pensé enfin qu'il était utile d'entendre des savants distingués, qu'elle a priés de vouloir bien concourir à ses travaux et l'aider de leurs lumières.

Par suite de toutes ces investigations et d'une discussion approfondie, nous avons reconnu, Messieurs, que le projet était aussi juste dans son principe que conforme à l'équité; que son exécution ne pouvait porter atteinte aux intérêts légitimes du Trésor; qu'il n'offrait pas seulement une utilité réelle aux propriétaires des vignobles , mais encore à tous les autres producteurs de liquides alcooliques; que, sous ce point de vue, il était d'un intérêt agricole pour plusieurs parties du territoire de la France, qu'on devait encore y rattacher un intérêt industriel à cause des diverses

(1) Cette Commission est composée de MM. Baumes, de Surian, Viger, Poisat, Espéronnier, Ressigeac, Lavielle, le baron de Larcy, Houzeau-Muiron.

branches du commerce qui pourraient être appelées à en retirer quelque avantage. Il nous a paru, enfin, qu'en livrant à la consommation une matière d'éclairage jusqu'ici inconnue, il pourrait procurer au pays le moyen de satisfaire par ses propres ressources à cette partie essentielle de nos besoins nationaux, pour laquelle il nous faut aujourd'hui recourir aux produits étrangers.

Nous allons, Messieurs, vous offrir l'analyse des motifs qui ont déterminé notre conviction, en les résumant sous deux points de vue distincts.

Il fallait, avant tout, examiner l'état actuel des pays vignobles, rechercher s'il s'offrait des remèdes à cette situation, spécialement si la mesure proposée pourrait avoir un résultat utile dans le but de l'améliorer. Là aussi venaient naturellement se placer les considérations d'un intérêt encore plus général qui se rattachent à l'exécution du projet.

Tel sera le premier point de vue de nos observations.

Venant ensuite à la question de fiscalité, nous l'examinerons sous tous es rapports qui touchent à l'intérêt du Trésor public, et nous rechercherons quels sont les moyens qui doivent le préserver.

SECTION PREMIÈRE.

Etat actuel. — Ses causes. — Utilité de la proposition.

Les malheurs qui frappent nos pays vignobles ne sont plus l'objet d'un doute pour personne. C'est aujourd'hui une vérité universellement admise, qu'il y a là une situation grave à laquelle le Gouvernement doit porter une attention très-sérieuse.

Il fut un temps où les propriétaires avaient déjà de justes motifs de vous faire parvenir l'expression de leurs plaintes, bien qu'il leur restât encore un revenu très-modique ; — mais aujourd'hui ce revenu leur a été enlevé, et ils n'ont plus même de quoi se couvrir de leurs frais d'exploitation.

Cela est certain, notamment pour les vignobles qui produisent le vin destiné à l'alcool. Eux qui longtemps encore, et grâce à la richesse de leur production, avaient pu donner un revenu malgré la dépréciation générale du prix des liquides, les voici maintenant, depuis plusieurs années, frappés à leur tour d'une stérilité désespérante, même au milieu des plus abondantes récoltes !

Telle est, en effet, la dépréciation des alcools, que l'on est presque réduit à se demander si bientôt on pourra y trouver le prix de fabrication et ceux de la vendage. Il est du moins hors de doute qu'en l'état, le propriétaire le plus capable et le mieux servi par la nature de son fonds, ne retire pas, à beaucoup près, le montant des cultures.

Nous avons vu, en divers temps, l'alcool côté sur les marchés du Midi (1) au prix de 263 fr. l'hectolitre (2). Dans ces derniers temps ce prix a baissé jusqu'à 55 fr. l'hectolitre (3) ; bien qu'il y ait eu quelques moments de reprise, le cours normal s'est établi au-dessous de 40 fr., et il est en ce moment à 37 fr.

Or, si l'on remonte longtemps en arrière, si l'on invoque les souvenirs de tous les hommes vivants, ou même les mercuriales de toutes les parties de la France, jamais on n'a vu un tel abaissement dans le prix de cette denrée.

En parcourant les quarante-trois premières années de ce siècle, on trouvera deux époques peut-être où les alcools étaient momentanément descendus à 50 fr. l'hectolitre (4) ; mais ces crises graves, que le pays subit avec inquiétude, n'eurent qu'une courte durée et furent suivies, peu après, d'un mouvement ascendant. Le cultivateur trouvait bientôt, dans le haut prix d'une nouvelle récolte, la compensation de l'infériorité de la précédente.

La crise où nous voici arrivés a cela de désespérant, qu'elle a été graduellement amenée par une baisse toujours persistante. En 1839, la valeur moyenne de l'hectolitre a été de 70 fr.; en 1840, de 63 fr.; en 1841, de

(1) En 1817, en 1818, en 1819.
(2) 100 fr. l'ancien quintal du Midi.
(3) 13 fr. 50 c. l'ancien quintal du Midi.
(4) 19 fr. l'ancien quintal du Midi.

55 fr.; en 1842 et 1843, de 35 à 40 fr. On pourrait établir les degrés de cette échelle descendante pour les temps antérieurs, à partir des années où l'alcool avait une valeur de 263 fr., et l'on se convaincra qu'il ne s'agit pas ici d'une baisse accidentelle produite par des causes factices, mais d'une baisse permanente ayant un caractère de continuité et de durée bien propre à causer le découragement le plus profond.

Or, veut-on savoir ce qu'est, pour le propriétaire producteur, l'acool au cours de 36 fr. l'hectolitre?

M. le Ministre des finances disait dernièrement à la tribune de la Chambre des députés, à propos de la discussion de la loi des sucres, que, pour un hectolitre d'alcool, il fallait consumer douze hectolitres de vin.

Nous croyons que, sur ce point, les données de l'Administration sont fort exactes, et l'on s'en convaincra si l'on recherche la moyenne des vins destinés à l'alcool, vins dont la production est plus abondante, mais dont le rendement est plus faible.

C'est donc pour le propriétaire 3 fr. l'hectolitre; en d'autres termes, rien ou presque rien. Car il faut prélever, sur chaque hectolitre de vin, 1 fr. 15 cent. pour la fabrication de l'alcool (1), et 1 fr. pour l'enlèvement de la récolte, la décuvaison et le pressoir (2). Ainsi il reste au propriétaire 85 cent. pour chaque hectolitre de vin qu'il recueille.

Eh bien! comment, avec 85 cent. l'hectolitre, pourvoir à la culture de la vigne? Evidemment, quel que soit le produit qu'elle donne, on ne pourra jamais arriver à un chiffre qui couvre les dépenses.

En admettant que la moyenne des vignes, dont les productions sont des-

---

(1) La fabrication de l'alcool coûte, dans le Midi, au propriétaire, 8 fr. par muid, soit 1 fr. 15 c. par hectolitre de vin. S'il y a des fabriques qui, en certains temps, ont fait payer seulement 7 fr., d'autres ont exigé 9 fr. et même 9 fr. 50 c.

(2) Lorsque le propriétaire fait enlever sa vendange à prix fixe, et sans fournir lui-même les charrois, il paie 6 fr. par muid, soit 90 c. l'hectolitre. Les frais de décuvaison et ceux de pressoir ne peuvent pas être comptés moins de 10 c.; en tout 1 fr. par hectolitre.

tinées à l'alcool, soit portée à 72 hectolitres par hectare (1), le propriétaire aura 61 fr. 20 cent. pour faire cultiver 1 hectare, dont la culture à
bras coûte environ 100 fr. par année. Il faudra, de plus, qu'il paie les pro-
vins, l'excédant de la dépense de taille, qui n'est pas entièrement couverte
par la valeur du bois.

Et ses contributions, qui les paiera?

Et son revenu, où le prendra-t-il?

Voilà donc en deux mots la situation!... Insuffisance de la production pour payer la culture, contributions payées en déficit, revenu
négatif !...

Et remarquons bien qu'il n'en est pas de la vigne comme d'une propriété de toute autre nature. Le temps l'affaiblit successivement jusqu'au
jour où il force à la détruire ; aussi ne peut-on pas compter pour le produit des vignobles comme pour les autres. Tout propriétaire intelligent
doit prélever sur le revenu annuel une sorte de fonds d'amortissement qui
exige un produit plus élevé.

La situation est donc, il faut le dire, une ruine complète, un désastre
qui consomme la misère d'un grand nombre de familles dont l'existence
est attachée à la production de la vigne. Le contre-coup s'en fera nécessairement ressentir dans le Midi sur toutes les autres propriétés qui en
éprouveront aussi une dépréciation dans leur valeur vénale. Il portera
atteinte à bien des industries accessoires aux produits vinicoles, et à l'aisance de la classe innombrable des ouvriers qui cultivent la vigne à bras.
Ces ouvriers perdent une partie des moyens de fournir aux besoins de
leur famille, par la nécessité où se trouvent les propriétaires de suppri-

(1) 72 hectolitres, soit 10 muids et 1/3 par hectare, forment, dans le Midi,
une moyenne élevée. Sans doute avec le fumier on peut obtenir davantage, mais
il faut le payer, et puis on déprécie le rendement d'esprit qui n'est plus le même.
En certaines années l'espèce des *aramons* donne des produits excessifs; mais
combien cette espèce n'est-elle pas casuelle, et la plupart des propriétaires n'en
ont-ils pas abandonné la culture pour éviter les malheureuses compensations qu'il
faut subir à la suite de ces produits abondants?

mer les travaux à bras, et de les remplacer par d'autres modes moins dispendieux. On sait que la culture de la vigne exige une population bien plus grande que celle attachée aux autres exploitations rurales. Partout où cette culture a été dominante, les populations se sont agglomérées; on ne peut penser qu'en frémissant à la misère et au désespoir de ces masses dépourvues des premières ressources de la vie, si ce moyen d'alimentation indispensable leur est enlevé.

Peut-on considérer la mesure proposée comme un remède pleinement efficace à une situation aussi pénible?

Votre Commission, Messieurs, ne s'est pas flattée de cet espoir ; elle a cru pourtant que l'on pouvait en attendre un soulagement dont on ne saurait aujourd'hui calculer toute l'importance, mais qui n'en sera pas moins réel.

Pour indiquer des remèdes pleinement efficaces, il eût fallu rechercher les diverses causes du mal, les mesurer dans toute leur portée. Un pareil soin ne nous était pas confié, il pourra être plus utilement exercé au moment où la Chambre sera appelée à l'étude de projets dont celui qui nous occupe ne doit être que l'avant-coureur.

Mais, sans nous livrer à l'investigation d'influences générales, qui agissent sur les revenus des propriétés vignobles, nous n'en avons pas moins été amenés à un aperçu sommaire de celles qui sont plus particulièrement l'objet de la controverse des pouvoirs parlementaires, pour apprécier si, tant qu'elles ne seront pas. détruites ou modifiées, on peut se promettre quelque efficacité du secours offert à la situation par le projet de loi.

Considérez-vous, Messieurs, comme l'une des causes de l'état actuel la trop grande extension de la culture des vignobles? ou ne direz-vous pas avec les honorables auteurs de la proposition, avec un membre éminent de la Chambre des Pairs (1) dans une discussion trop récente pour être aussitôt oubliée, que cette extension n'a pu opérer qu'une faible influence si on la considère dans son ensemble, au point de vue de l'accroissement

(1) M. Persil, dans la séance du 29 mai 1843.

— 43 —

de tous les produits territoriaux de la France, comparé avec celui de sa population? On ne détruira pas les chiffres de nos statistiques : il en résulte que les plantations des vignobles n'ont augmenté que d'un quart et se portent à 2 millions d'hectares au lieu de 1,500,000 existant en 1789; or, comparez à ces chiffres ceux de notre population qui s'est élevée de 25 à 34 millions; considérez surtout la progression de l'aisance des classes inférieures, et demandez-vous si ces deux éléments ne fournissent pas une compensation au progrès des cultures?

Ce serait une réponse barbare que celle du Gouvernement disant aux propriétaires : Vous avez trop produit, votre seule ressource est de détruire ce que vous avez fait au prix de si grands sacrifices. Combien n'en est-il pas qui, pour la création de leurs vignobles et la construction des établissements qui en forment l'accessoire inévitable, ont fait emploi d'un capital plus élevé que la valeur primitive de leur domaine (1)!

Mais, pour faire une pareille réponse, faudrait-il au moins trouver dans les statistiques, dans les faits notoires, des données tout autres que celles qu'ils nous présentent.

Aussi, Messieurs, sans s'arrêter plus longtemps à une considération qui lui a paru peu peser sur la solution du problème, votre Commission a cru devoir signaler ici, sans hésitation, les deux causes principales dont l'in-

____

(1) Le défoncement et la plantation d'un hectare de terrain ordinaire coûte une moyenne de 400 fr., la culture de quatre ans au moins autant, et la privation de revenu pendant le même temps à 50 fr. par année, 200 fr.; en tout, 1,000 fr. environ par hectare, non compris les dépenses du fumier nécessaire pour pousser la venue des plantiers. La privation du revenu pendant ces premières années est bien plus grande dans les bons fonds. Les constructions que nécessite la plantation de la vigne sont considérables. Il faut des cuves vinaires, des magasins, des pressoirs, des foudres et appareils distillatoires, qui exigent un capital important. D'autre part, dans diverses portions du territoire du Midi, les propriétaires ont été obligés à planter à cause de l'extrême sécheresse des saisons, qui rend la culture des céréales très-ingrate. On n'y a pas non plus les ressources que donne à l'agriculture du Nord l'emploi des plantes fourragères ou des graines oléagineuses, qui exigent un terrain régulièrement humecté.

fluence funeste atteint la prospérité des pays vignobles pour les faire descendre graduellement à la situation déplorable dans laquelle ils sont aujourd'hui.

La première est le système prohibitif de nos douanes, qui, en écartant de nos marchés certains produits extra-nationaux, nous font fermer, à titre de représailles, les marchés extérieurs. Ce système pèse doublement sur les pays vignobles, puisqu'il les force à payer à des prix beaucoup plus élevés les objets nécessaires à leur agriculture et à leur consommation, en même temps qu'il ferme à leurs productions des débouchés qu'on pourrait leur rouvrir par des tarifs plus équitables.

La deuxième est dans les taxes exorbitantes dont on frappe ces produits par les octrois des villes et les contributions indirectes, et dans les entraves que ce double système apporte à la vente sur le marché intérieur.

Il a paru à votre Commission que tous les raisonnements ne pourraient obscurcir une vérité aussi simple, aussi matérielle que celle qui se rattache à ces deux points déjà signalés par les honorables auteurs de la proposition. Mais il n'entrait pas dans les limites de notre sujet de les développer ; nous nous bornerons à dire qu'on ne saurait espérer un remède efficace à la situation tant que notre législation n'aura pas reçu, sous ces deux rapports, quelque amélioration notable.

Enfin, dans les discussions auxquelles ont donné lieu, au sein de la Commission, les considérations qui se rattachent au projet de loi, un honorable membre a signalé comme cause très-influente sur les pertes des pays vignobles, la concurrence des alcools de fécule de pommes de terre et d'autres fécules ; il a assuré que telle était la perfection des procédés de distillation aujourd'hui mis en usage, qu'on ne pourrait bientôt plus discerner les alcools de fécule de ceux provenant de la vigne. Enfin, il a même annoncé à la tribune (1) que si les fabriques de sucre indigène venaient à être supprimées, soit par l'effet direct de la loi, soit par les conséquences de l'égalisation des droits, on transformerait les fabriques à sucre en dis-

(1) Discours de M. Houzeau-Muiron sur la loi des sucres.

tilleries d'esprit, et qu'il en résulterait pour l'alcool du vin une concurrence dont on ne pouvait prévoir toute la portée.

Votre Commission, Messieurs, n'a pu méconnaître l'existence des produits alcooliques de fécule ; elle eût désiré pouvoir déterminer la moyenne de cette production, et elle a, dans ce but, pris des renseignements auprès de M. le Ministre des finances et de M. le Ministre du commerce. Mais il a été impossible de trouver aucun document qui établisse la distinction d'origine des produits. Ils sont tous frappés des mêmes droits, et les registres de perception, ni les statistiques, ne distinguent rien.

Mais, quelle que soit la quotité de ces produits, et pour tant qu'on puisse l'augmenter dans l'avenir, on ne saurait songer à délivrer les pays vignobles d'une pareille concurrence, en imitant les édits de prohibition de notre ancien régime (1), pas plus qu'on ne pourrait imiter d'autres édits qui ont interdit la plantation des vignes en certaines provinces, et exigé dans d'autres une autorisation préalable à la plantation (édits de Louis XV).

Les propriétaires de vignobles ne demandent pas de régime de prohibition, d'exclusion ou de privilége. Ils réclament un régime de liberté et d'égalité devant la loi, et c'est pour cela qu'ils désirent que les propriétaires producteurs d'alcools de fécule jouissent de toutes les améliorations à introduire dans notre système d'impôt.

Par ce moyen, la proposition offre une utilité encore plus générale. Non assurément qu'on ne pût donner un caractère d'utilité publique à l'intérêt d'une population de huit millions d'habitants et d'une culture de deux millions d'hectares ; mais il est mieux encore que cet intérêt s'étende à toutes les parties du territoire où l'on cultive la pomme de terre, c'est presque dire à tout le sol français.

---

(1) Un édit de 1713 défendit de fabriquer aucune eau-de-vie de sirops de mélasse, graines, lie, bière, boissières, marc de raisin, hydromel et d'autres matières que le vin, et restreignit à la Normandie et à la Bretagne, à la réserve même du diocèse de Nantes, la fabrication et la consommation des eaux-de-vie de cidre et poiré.

Voyons maintenant quel est l'objet de cette proposition.

Jusqu'ici l'alcool avait été employé presque exclusivement à la composition des liqueurs spiritueuses. Certaines industries l'avaient pourtant utilisé en le dénaturant (1). Mais ces emplois industriels, d'abord encouragés par la suppression des droits sur les liquides qui y étaient destinés, ont été contenus dans leur essor par les exigences du fisc, appuyées sur la législation existante.

D'après l'interprétation donnée par la jurisprudence à nos lois actuelles, il n'y a plus aucune distinction possible entre l'alcool dénaturé et l'alcool pur, quant à la perception des droits.

Or, la jurisprudence venait à peine de s'établir sur ce point au moment où a été pratiqué le nouveau mode d'éclairage par la composition de l'alcool carburé. L'emploi de ce mélange, qu'on a vulgairement appelé l'*hydrogène liquide* (2), a dû faire vivement regretter une jurisprudence qui posait une barrière infranchissable à la propagation de cette découverte.

L'opinion publique a accueilli favorablement les essais de ce mélange ; peu de mois ont suffi pour lui assurer des progrès rapides et de nombreux avantages. Le liquide, très-volatil, arrive à la mèche par l'effet de la *capillarité*, sans le secours de mécanismes coûteux et compliqués, quoique le réservoir soit placé au-dessous du bec. Sa flamme est blanche et éclatante ; sa clarté est douce et ne fatigue pas la vue.

Loin d'être en rien interrompu ou affaibli par le mouvement, il prend un essor nouveau dans les ondulations ou les secousses qui dérangent les autres éclairages. Il n'a besoin d'aucun entretien, d'aucune surveillance, et l'on peut, en faisant emploi d'une quantité suffisante, donner d'avance à l'éclairage telle durée qu'on juge utile.

(1) Les *vernis*, les *chapeaux*, les *capsules*, *poudres fulminantes*, *éthers*, *allumettes chimiques*, *sulfate de quinine*, etc., etc.

(2) La Commission n'a pas entendu consacrer cette dénomination qui a été critiquée au point de vue scientifique, mais que nous avons pourtant quelquefois employée dans ce rapport à défaut d'autre expression adoptée par l'usage.

Sous ces divers rapports, il convient aux *télégraphes* de nuit, qui l'ont déjà adopté, au mouvement rapide et accidenté des *malles-postes*, à l'éclairage des *navires*, aux *phares* isolés en mer.

Mais il paraît certain que les particuliers trouveraient dans son emploi un avantage marqué sur les autres matières d'éclairage, même celui d'un prix plus modéré. D'après les documents fournis à la Commission, le nouveau mélange éclairant offre une économie bien réelle, si l'on compare le prix de la bougie, de la cire, des graisses et des huiles de toutes qualités, pourvu qu'on le dégage des droits qui pèsent sur l'alcool.

L'éclairage au gaz aurait seul sur lui un léger avantage ; mais le nouveau mode d'éclairage commence à peine, et peut, à l'aide de quelques perfectionnements, compenser une différence déjà peu importante. D'autre part, le gaz a des inconvénients dont il faut aussi tenir compte.

Si l'on réfléchit aux frais d'établissement qu'il exige, à l'immobilité forcée des appareils, aux accidents nombreux qu'il peut faire naître, aux fréquentes restaurations qu'il nécessite, aux avaries qu'il cause à certaines marchandises, on ne saurait douter que les villes n'hésiteraient pas à l'abandonner pour adopter le mélange à base d'alcool, s'il n'en résultait pour elles qu'une dépense peu impertante.

Une considération grave de sûreté publique semble devoir à elle seule déterminer ce choix. Avec l'éclairage au gaz, il suffirait de couper inopinément les conduits pour qu'une ville fût subitement jetée dans la nuit la plus profonde. Or, les conseils municipaux prudents ne seront-ils pas frappés de cette idée, que la malveillance pourrait, en des temps de trouble, abuser d'un pareil moyen pour servir à des projets coupables ? Déjà le conseil municipal de Reims, mû par cette considération, a eu le soin de stipuler dans le cahier des charges de son bail d'éclairage, le droit de substituer un nouveau mode, et il paraît hors de doute que les autres villes suivraient cet exemple lorsqu'il leur serait possible d'adopter cette substitution sans trop grever leur budget.

On peut donc le dire avec espoir, l'avenir appartient au nouveau mode d'éclairage. Mais il faut, pour le lui assurer, une conquête sans laquelle toutes les autres seraient sans objet, celle du renversement des barrières fiscales opposées à la circulation des alcools.

Or, une pareille conquête peut-elle être difficile avec un gouvernement représentatif?

La vérité arrive aux Chambres, qui forment le reflet de l'opinion du pays. Les honorables auteurs de la proposition vous ont appelé à en faire la recherche par une initiative dont il faut les féliciter, et l'Administration a pu s'éclairer. Le moment est venu de résoudre la question fiscale ; mais avant de l'aborder, nous avons dû mettre en lumière les nécessités de la situation, démontrer que nous poursuivions un but d'intérêt général. Ce n'est pas seulement le propriétaire qui en retirerait l'avantage, ce n'est pas même seulement la population agricole, toute l'existence est attachée à la sienne, c'est toute la population qui consomme à laquelle on peut offrir l'espoir d'une réduction dans le prix ou quelque avantage dans le mode d'éclairage, par la concurrence d'un élément nouveau. Enfin, nos registres de douanes nous montrent que la France est bien loin de fournir, par ses seules ressources, à ses besoins d'éclairage. Elle paie aux producteurs étrangers une somme importante en huiles et graisses de tout genre. L'importation des graines oléagineuses y figure seule *pour* 50,000,000 *de francs.*

Un Gouvernement serait bien inintelligent s'il repoussait le produit national qui peut suppléer à cette insuffisance!....

SECTION II.

Question fiscale.

Notre législation fiscale a frappé les alcools de taxes énormes. Pour en assurer le recouvrement, elle a multiplié les précautions et les entraves.

On n'a pu chercher à justifier ce système de fiscalité excessive qu'en l'appliquant à une boisson spiritueuse, dont on considérait la consommation comme moins nécessaires aux besoins de la vie que celle des boissons ordinaires.

Lorsque l'industrie eut découvert l'application de cette substance à des objets d'art, on dut se demander si les droits pourraient être exigés.

L'art. 80 de la loi du 8 décembre 1814 tranche la question en faveur des industriels. Après avoir affranchi de tous droits les eaux-de-vie versées sur les vins à concurrence d'un vingtième, la loi ajoute :

« La même exemption sera accordée pour les eaux-de-vie et esprits
» employés par des fabricants ou manufacturiers dans leurs établisse-
» ments, *à charge par eux de les dénaturer en présence desdits employés,*
» *de manière qu'ils ne puissent pas être livrés à la consommation.* »

Peu après fut promulguée la loi du 28 avril 1816, qui est la loi d'organisation du régime des contributions indirectes sous la Restauration.

L'ensemble des dispositions de cette loi ne paraît concerner que les *boissons*. Cette dénomination y est plusieurs fois répétée comme indicative de la matière à laquelle s'attache le droit. La preuve en résulte, du reste, du tarif annexé à la loi, où l'on ne retrouve aussi que des *boissons* dont la taxe est réglée selon leur qualité et leur emploi en cercles ou en bouteilles, toutes choses qui ne peuvent concerner que les liquides destinés à être bus.

Cependant l'Administration de l'époque inséra dans la loi une disposition qui a depuis été féconde en conséquences. L'art. 25 porte que « les
» eaux-de-vie ou esprits *altérés* par un mélange quelconque seront sou-
» mis au même droit que les eaux-de-vie ou esprits purs. »

Entrait-il alors dans l'intention de l'Administration d'atteindre par ce texte les esprits *dénaturés* et destinés à un usage autre que la boisson?

Elle s'empressa elle-même de déclarer le contraire, et prit, le 29 novembre 1816, la décision suivante :

« Tous les esprits et eaux-de-vie employés à la fabrication des vinai-
» gres, des vernis dits à alcools, des eaux de senteur, des parfums,
» des éthers et autres préparations de pharmacie et de parfumerie, seront
» affranchis du droit général de consommation, pourvu que ces boissons
» soient dénaturées en présence des employés de la régie, et que les in-
» grédients nécessaires à la confection des produits que l'on veut obtenir
» y soient ajoutés en quantité suffisante pour en changer la nature, la sa-

» veur et l'odeur, de manière qu'ils ne puissent plus être consommés
» comme boissons. »

La loi du 24 juin 1824 réunit en un seul les deux droits de consommation, de circulation ou de détail, en les remplaçant par un droit unique de
consommation.

Au moment de l'émission de cette loi, les art. 1, 2, 4, 5 et 6 ne
furent pas considérés comme créant une innovation dans les principes
de la matière.

Aussi, les esprits employés aux fabrications continuèrent-ils à jouir
du bénéfice de l'exemption. Une décision du 12 décembre 1826 donna
à cette exemption une consécration nouvelle en réglant le mode de
dénaturation.

Les choses restèrent en cet état jusqu'au 10 octobre 1833, date de la
décision qui intervertit tous les antécédents de l'Administration, abroge
la décision du 29 novembre 1816, et soumet les alcools dénaturés aux
mêmes droits que les esprits purs.

Les motifs de cette décision sont utiles à rappeler : on y voit que l'Administration est préoccupée de la crainte de la fraude, devenue plus facile
depuis les progrès de la science ; mais elle se prévaut surtout de ce que
les emplois industriels dont il s'agit n'ont en vue que des objets de luxe
et de fantaisie.

« La chimie, dit-elle, a même découvert des procédés qui permettent
» de retirer de l'alcool l'essence de térébenthine ; elle avait dû d'autant
» moins hésiter, que les substances dans la composition desquelles entre
» l'alcool sont en général des objets *de luxe et de fantaisie à l'usage de la*
» *classe aisée*, et qui ne doivent à aucun titre jouir de l'exemption des
» droits. Que tous les objets tels que les *parfums*, les *eaux de senteur*, les
» *éthers*, les *vernis* pour meubles, les *amorces* de poudre fulminante, la
» *sulfate* de quinine...... peuvent, par l'élévation de leur prix, supporter
» le droit de consommation sans qu'aucun autre consommateur ait à se
» plaindre, et sans que l'industrie puissent en souffrir...... Qu'il en est de
» même des esprits employés dans la teinture et pour le rouissage des
» étoffes. »

Le commerce résista à cette nouvelle décision de la régie ; depuis dix-sept ans il jouissait de l'exemption , et il prétendit avoir le droit de la conserver en vertu des lois de la matière.

Portée devant les tribunaux, la question venait en définitive se réduire à l'examen du texte des lois des 28 avril 1816 et 24 juin 1824. D'un côté, leurs dispositions prises dans l'ensemble, semblaient devoir en circonscrire l'effet aux liquides employés comme boissons. Mais le texte particulier de l'article 23 était formel ; il assujettissait aux droits les eaux-de-vie et esprits *altérés par un mélange quelconque*. Il fallait donc rechercher si cette disposition spéciale avait eu en vue une simple *altération* qui pourrait n'avoir été pratiquée que pour couvrir la fraude, ou si elle pouvait s'étendre même au cas d'une *dénaturation* opérée en présence des employés de la régie.

Plusieurs fois la question est venue devant la Cour suprême (1); mais sa

(1) Dans une première instance, terminée par un arrêt de rejet du 9 novembre 1833, le jugement du tribunal de Lyon, confirmé par la section des requêtes de la Cour de cassation, avait décidé *en droit :*

« Que la Régie des contributions indirectes, pour ce qui concerne les liquides » et les spiritueux, ne s'applique qu'aux boissons.

» Qu'il résulte de l'économie générale de la loi de 1816, non moins que de toutes » les expressions qu'elle emploie, tout aussi bien que du tarif qui y est annexé , » que les boissons seules sont sujettes à la perception des divers droits exigibles » par la loi.....

» Que l'article 23, titre Ier, chapitre II, n'a pas entendu déroger à ce principe , » en disposant que les eaux-de-vie ou esprits altérés par un mélange quelconque » seront soumis aux mêmes droits que les eaux-de-vie et esprits purs; car cet ar- » ticle, pour être conciliable avec les autres dispositions de la loi, ne peut s'en- » tendre que d'une altération qui, tout en modifiant la force et l'usage de ces spi- » ritueux, ne leur ôtait pas leur qualité primitive de boisson , mais non d'une » dénaturation complète qui les rendait impropres à toute destination comme » boissons..... Que le tarif annexé à la loi justifie cette distinction..... Que l'art. 2 » de la loi du 24 juin 1824, loin d'être contraire à cette distinction con- » firme, etc..... »

Mais, depuis, sur un nouveau pourvoi de la Régie contre un jugement du tribunal de Montpellier (affaire Boril), la section civile :

jurisprudence s'est fixée dans un sens conforme aux prétentions de la régie. L'examen attentif des arrêts qui la consacrent et celui des décisions
administratives, ont convaincu votre Commission que le droit sur les
alcools dénaturés n'avait été admis dans la pratique qu'avec une répu-
gnance extrême, et que l'Administration n'eût jamais osé se prévaloir des
termes généraux de l'article 25 de la loi du 28 avril 1816, dont la disposition embrassait les alcools *altérés par un mélange quelconque*, si elle n'a-
vait eu à invoquer deux raisons qui lui parurent déterminantes :

La première, c'est que les substances dans la composition desquelles
entrait l'alcool n'étaient que des *objets de luxe et de fantaisie, pouvant,
par l'élévation de leur prix, supporter le droit de consommation , sans
que l'industrie puisse en souffrir...* (décision de 1833).

La deuxième, c'est que la fraude pourrait abuser de l'exemption en

« Vu les art. 1er, 4, 87, 88, 89, 90, 91 de la loi du 28 avril 1816; les art. 1
» 4, 5, 6 de la loi du 24 juin 1824 ;

» Attendu que la loi du 8 décembre 1814 était transitoire et a cessé d'être en
» vigueur à l'instant où la loi du 28 avril 1816 a été promulguée ; que cela résulte
» de l'art. 148 de la loi de 1814, et de l'art. 3 de celle du 23 décembre 1815 ;

» Attendu, dès lors, que la disposition de la seconde partie de l'art. 80 de celle
» de 1814, qui affranchissait du droit de consommation les eaux-de-vie et esprits
» employés par des fabricants et manufacturiers dans leurs établissements, ne
» pouvait être appliquée aux faits postérieurs au 28 avril 1816, qu'autant qu'elle
» eût été expressément reproduite, soit par la loi de 1816, soit par une loi posté-
» rieure, ce qui n'a pas eu lieu ; qu'il résulte de la combinaison des art. 8, 88,
» 89, 90 et 91 de la loi du 28 avril 1816, combinés avec les art. 1er, 2, 4, 5, 6
» de celle du 24 juin 1824, que cette exception contenue dans la seconde partie
» de l'art. 80 de la loi de 1814, n'existe plus, et que la loi de 1824 a adopté un
» nouveau mode d'imposition.

» Que le droit général de consommation qu'elle établit se perçoit en raison de
» l'alcool pur contenu dans les liquides sans distinction, etc..... »

Cassa un jugement du tribunal de Montpellier (affaire Boril), arrêt du 5 juin
1835.

Cette jurisprudence a reçu ensuite une consécration définitive d'un arrêt rendu,
chambres assemblées, le 7 août 1840, et a été constamment suivie depuis.

retirant de l'alcool dénaturé un alcool pur, à l'aide du perfectionnement des procédés chimiques.

Or, en ce moment où nous traitons la question , non plus comme un point de jurisprudence par application de la loi de 1816 , mais comme question de législation à émettre, ces deux objections pourraient-elles s'opposer à l'exemption des droits dans l'avenir?

Eh bien! loin que la première doive nous arrêter, il en résultera, au contraire , une grave considération à l'appui du projet de loi.

En effet, il ne s'agit plus d'employer à l'industrie des faibles quantités de liquides alcooliques destinées à des objets de luxe ou de pur agrément; il s'agit de consacrer cette substance à l'un des premiers besoins de la vie, de la livrer à la consommation pour l'éclairage.

Comment, dès lors, concevoir que le propriétaire de la vigne soit malheureux à ce point que, s'il fournit à la consommation une *matière d'éclairage*, on la taxe autrement que les matières de cet orde? Comment expliquer cette inégalité de taxe dans la perception d'un droit qui doit être le même pour tous?

Mais un pareil système produirait des résultats bien plus bizarres encore , si on le considère au point de vue de notre législation des douanes.

Nous recevons aujourd'hui de l'étranger un grand nombre de matières servant à l'éclairage en France. Nous avons déjà indiqué le chiffre de cette importation, qui , pour les graines oléagineuses seulement , s'élève à 50 millions de francs, indépendamment des houilles qui servent à la composition du gaz, des huiles, suifs et cires.

Or, ces matières, au moment de leur entrée, ne sont assujetties qu'à des droits modérés qui leur donneraient un immense avantage sur l'hydrogène liquide.

En prenant pour base les droits payés par l'alcool dans l'une des villes du Midi, le mélange éclairant aurait à acquitter 60 fr. de droit pour 100 kilogrammes, là où les droits sur les huiles étrangères, tant pour la douane que pour l'octroi, ne grèveraient 100 kilogrammes que de 25 fr. 62 centimes.

La différence serait bien plus grande encore dans certaines villes du Nord, où les droits d'entrée sur l'alcool sont beaucoup plus élevés que dans le Midi.

Si l'on faisait la même comparaison avec les droits acquittés sur les houilles destinées à l'éclairage au gaz, on ne paierait que 38 centimes pour une matière d'éclairage qui, extraite de l'alcool, coûterait 8 fr. 12 cent. les 100 kilogrammes.

C'est-à-dire que, dans le premier cas, celui de l'éclairage à l'huile, l'hydrogène liquide paierait 234 p. 100, et, dans le second cas, celui du gaz produit par la houille anglaise ; le *produit français* paierait vingt et une fois autant que le *produit anglais*.

On a compris qu'en certaines circonstances, le système de douanes ait favorisé la production française par des taxes imposées à l'entrée des produits étrangers. Mais pourrait-on expliquer un système qui, pour favoriser la vente sur nos marchés des produits étrangers, viendrait imposer de taxes exorbitantes les produits similaires français ?

Un pareil système tendrait à l'appauvrissement du pays, puisqu'il aurait pour résultat de faire sortir de notre territoire tous les millions que nous payons à l'étranger pour l'entrée de ses matières d'éclairage, en frappant de mort une production importante du sol français.

Ainsi, la découverte de l'hydrogène liquide bouleverse toutes les positions de la question fiscale au point de vue de notre système d'économie sociale, de notre système de douanes, de celui des contributions indirectes ; et l'on ne peut, sans manquer aux premières règles de la justice, comme aux notions les plus simples de l'intérêt public, se refuser à admettre le principe du nouveau projet de loi.

Mais reste l'objection prise de la crainte de la fraude, facilitée dans ses moyens par le perfectionnement des procédés chimiques.

Ici on doit d'abord bien considérer de quelle manière l'objection se pose, et dans quel sens elle doit être résolue.

S'agira-t-il de rechercher un procédé de dénaturation tellement absolu que toute reproduction de l'alcool ou d'eau-de-vie soit impossible ? A cet aspect, votre Commission reconnaît qu'il n'existe encore aucun procédé complet. Il résulterait même des renseignements qui lui ont été soumis par les savants chimistes appelés dans son sein, que le problème serait presque insoluble, car on pourra parvenir toujours, quelle que soit la dénaturation employée, à *revivifier* (1) une portion quelconque des substances alcooliques, et peut-être même, à l'aide de mélanges, à en faire un liquide qui, bien que d'une saveur plus ou moins repoussante, pourrait cependant être encore employé comme boisson.

Mais tel n'est pas l'état de la question.

Il suffit, pour atteindre le but qu'on a en vue, que la fraude n'ait aucun intérêt à abuser de l'affranchissement des droits de l'alcool dénaturé. Si le système adopté pour la dénaturation lui impose des conditions telles qu'elle ne puisse retirer aucun avantage d'un trafic illicite, les intérêts du trésor seront suffisamment garantis.

En effet, on ne pratique pas la fraude dans l'unique objet de porter préjudice au fisc ; on n'y a recours que pour retirer un profit de la différence des droits. Or, si la dépense à faire est telle qu'on ne puisse y gagner, on ne s'exposera pas gratuitement aux désagréments des poursuites, aux amendes et aux frais auxquels elles donneraient lieu.

Ce qui imprime à cette proposition un caractère de vérité incontestable, c'est qu'en l'état de notre législation la fraude pourrait aussi être pratiquée sur d'autres substances qui entrent en franchise ou n'acquittent que des droits plus modérés, bien qu'elles contiennent de l'alcool. La possibilité de les employer à une extraction frauduleuse ne fait pas qu'on en interdise l'entrée et l'usage au sein des villes. Pourquoi n'en serait-il pas de même de l'hydrogène liquide, si, d'ailleurs, il n'offrait pas au fraudeur de plus grands avantages dans le résultat de l'opération, ni une plus grande facilité pour la consommer ?

Ainsi, les fécules des pommes de terre, les graines propres à la distillation entrent en franchise et peuvent être distillées à l'intérieur pour

(1) Qu'on nous passe ce néologisme, dont nous avons trouvé l'exemple dans divers rapports de l'Administration.

en extraire un alcool pur. Les mélasses et sirops de fécule offrent aussi un moyen assuré et facile d'extraction de cette substance.

Les vins eux-mêmes, bien que supportant un droit d'entrée, l'acquittent dans des proportions beaucoup plus faibles. Les lois de la matière leur ont attribué un *maximum* de force alcoolique de 21 p. 100, et cependant elles ont encore autorisé à y ajouter le mélange d'un vingtième d'alcool (5 litres par hectolitre, article 7 de la loi du 24 juin 1824); c'est donc 26 p. 100 d'alcool que le fraudeur peut se procurer par la distillation du vin.

Dans ces divers cas, on n'a pas cherché à assurer au Trésor une impossibilité matérielle et absolue d'introduire l'alcool en fraude au moyen d'une extraction à l'intérieur, opérée sur des substances entrées avec franchise et modération du droit, car on eût poursuivi un résultat impossible.

On a seulement calculé si les éléments dans lesquels la fraude pouvait s'exercer lui offraient un avantage propre à l'encourager.

Il doit en être de même de l'hydrogène liquide. En supposant qu'il entre en franchise et qu'on puisse en extraire un alcool pur, la seule chose à considérer est de savoir si cette extraction offrirait plus de bénéfice que celle des autres substances sur lesquelles on peut l'opérer, et si on arrive à ce résultat que non-seulement elle ne donne aucun profit, mais que les autres substances déjà indiquées offrent une plus grande facilité à la fraude avec un bénéfice plus promptement réalisable, serait-il permis d'hésiter en vue d'une industrie aussi importante, aussi utile que celle dont on viendrait ainsi tarir la source par des appréhensions exagérées ?

Il nous a paru, Messieurs, que ces principes devaient dominer la question, et le Gouvernement les a lui-même adoptés par l'organe de M. le Ministre des finances.

D'autre part, votre Commission a reconnu que, pour offrir à l'Administration des moyens assurés de découvrir la fraude, en supposant qu'on tenterait de la pratiquer, il fallait que le mélange éclairant fût composé de manière à ne pouvoir permettre la reproduction de l'alcool sans le secours de la distillation.

Lorsque la distillation est un auxiliaire indispensable à la fraude, et qu'il faut la pratiquer sur une assez grande échelle pour qu'elle offre quelque avantage, il y a nécessité d'établir des appareils qui exigent de grands locaux, des constructions, des fourneaux dont une fumée indicatrice s'échappe des eaux grasses dont le cours au dehors ne peut être dissimulé. Comment vouloir qu'avec de pareils indices la régie ne soit pas mise de suite sur la voie ? Sans doute on aura pu, à l'aide d'un alambic occulte, distiller une faible quantité d'alcool extrait des sirops de mélasse. Mais prétendre qu'on a créé au milieu de la population agglomérée des villes une fabrique d'alcool de fécule, de sirops de mélasse ou de vin, prétendre qu'on pourra en créer pour l'extraction des alcools de l'hydrogène liquide, sans que l'Administration soit mise immédiatement sur les traces de la fraude, c'est former des suppositions qui ne peuvent, en aucun cas, se vérifier.

Venant à l'examen des moyens les plus propres à opérer la dénaturation, votre Commission a eu sous les yeux les divers documents constatant les vérifications faites à Montpellier et à Paris par des professeurs de chimie très-distingués. Elle n'entrera pas ici dans le détail scientifique de ces opérations, ni dans l'analyse des diverses substances qui ont été tour à tour essayées avec un plus ou moins grand succès.

Le résultat de toutes ces expériences lui a donné cette conviction, qu'on pourrait, à l'aide d'un bon procédé de dénaturation, obtenir les deux garanties déjà indiquées, savoir :

La première, que, pour opérer la revivification des alcools dénaturés, il faudrait nécessairement recourir à la distillation.

La deuxième, que les frais qu'il faudrait exposer, tant pour la formation de l'hydrogène liquide que pour sa décomposition et la reproduction de l'alcool, ne laisseraient pas à la fraude le moindre bénéfice ; qu'enfin les moyens bien plus faciles qu'offre la législation existante ne permettent pas de supposer qu'on eût recours à un genre de fraude bien moins profitable.

8

L'Administration nous a déclaré qu'elle était en voie de recherches pour obtenir ces résultats d'une manière encore plus certaine, et qu'elle avait espoir d'atteindre le but.

Or, en l'état, cela devait nous suffire.

Et, en effet, il est impossible que la loi indique le procédé à l'aide duquel la dénaturation devrait avoir lieu ; on n'insère pas une formule de chimie dans la loi ; ce serait d'ailleurs s'exposer à ne pouvoir la modifier d'une manière aussi prompte, aussi facile, si les progrès de la science venaient à rendre cette modification indispensable.

Aussi la proposition indique-t-elle un règlement d'administration publique comme le seul mode d'exécution de la loi. M. le Ministre des finances l'a acceptée en ce sens, et nous a donné l'assurance qu'il emploierait tous ses efforts pour satisfaire, dans le terme le plus rapproché, aux justes impatiences qui appellent la prompte exécution de cette mesure

Mais, pour rendre cette exécution plus immédiate et plus facile, il a demandé que le Gouvernement fût autorisé à combiner, avec le procédé de dénaturation, la perception d'un droit modéré qu'il pourrait, selon les circonstances, substituer à l'affranchissement absolu.

Pour faciliter l'admission de cette mesure, M. le Ministre a invoqué le précédent de la loi du 17 juin 1840 sur le sel, où l'on trouve, art. 12 :

« Des règlements d'administration publique détermineront les condi-
» tions auxquelles pourront être autorisés l'enlèvement, le transport et
» l'emploi, *en franchise ou avec modération du droit,* du sel de toute ori-
» gine, des eaux salées ou de matières salifères *à destination des exploi-*
» *tations agricoles ou manufacturières, et de la salaison,* soit en mer, soit
» à terre, *des poissons* de toute sorte. »

Là aussi il s'agissait de prévenir la fraude qui pourrait être pratiquée à l'ombre de l'exemption accordée à certaines industries, et la loi s'en est remise au règlement pour la franchise ou la simple modération des droits.

Au surplus, cette faculté n'aurait pas pour objet de créer des ressources fiscales, mais seulement d'obtenir une indemnité de la dépense que causerait à la régie le mode de dénaturation ou de surveillance de l'emploi des alcools dénaturés. S'il était perçu une taxe un peu plus élevée que cette indemnité, ce ne serait qu'à titre de garantie contre la fraude, au cas d'insuffisance du moyen de dénaturation. On obtiendrait ainsi une assurance supplétive à la dénaturation, en atténuant la prime illicite qu'un procédé incomplet pourrait encore offrir à la fraude, puisqu'il est bien évident qu'avec un droit à acquitter les conditions du fraudeur sont plus mauvaises encore.

Du reste, cette taxe devrait être très-faible.

On sait déjà que les droits exorbitants, loin de déjouer la fraude, lui servent, au contraire, d'auxiliaire; ce qui se passe en l'état actuel de la législation en est une preuve évidente; la plus grande partie des alcools consommés dans les villes y est introduit en fraude. A Marseille, sur 17 hectolitres de consommation quotidienne, 15 hectolitres sont introduits en fraude, et 2 seulement acquittent le droit. A Lyon, au lieu de 14,000 hectolitres qui se consomment réellement, 600 à peine paient les droits. A Montpellier, la consommation moyenne, d'après les déclarations faites et les droits perçus, serait de 126 hectolitres, quantité à peine suffisante pour une consommation de deux semaines; et le tribunal correctionnel de cette ville vient, tout récemment, de prononcer une condamnation de 14,600 fr. d'amende contre quelques individus qui, dans quatre mois, ont introduit en fraude plus d'alcool qu'il n'en est légalement entré dans cette ville depuis cinq ans.

Ici d'ailleurs, on le répète, il s'agirait moins d'une taxe fiscale que d'une garantie accessoire à la dénaturation; le droit modique qui pourrait être établi ne devrait, en aucun cas, porter atteinte au développement de l'industrie que la proposition a en vue de favoriser, et il serait complétement supprimé dès qu'on aurait découvert des procédés de dénaturation plus efficaces.

Votre Commission a beaucoup hésité à adopter ce système; mais l'état actuel de la question, la nature des expériences faites jusqu'ici, les différences à établir dans les primes offertes à la fraude, selon l'importance des villes et des droits d'entrée, tout lui a fait une loi de ne pas refuser à l'Administration un moyen dont le précédent de la loi du 17 juin 1840 justifiait l'emploi. Il importait de ne pas retarder une épreuve qui, chaque jour, devient plus urgente.

Mais nous avons dû exiger que les dispositions autorisées, quant à ce règlement d'administration publique, soient converties en loi dans le cours de la session prochaine.

Deux difficultés accessoires ont encore occupé votre Commission.

On a demandé si l'effet de la loi nouvelle devra être restreint à l'hydrogène liquide, ou s'il devra aussi s'étendre aux autres alcools dénaturés, livrés à la consommation de certaines industries déjà indiquées?

Ce qui pouvait faire doute, c'est que la destination des objets auxquels s'appliquent ces alcools est en grande partie une destination de luxe; mais votre Commission n'en a pas moins estimé que ces industries devaient jouir de la faveur de la loi, pourvu que les procédés de dénaturation dont il sera fait usage offrent des garanties aussi complètes. C'est le seul moyen de donner à la loi un caractère d'uniformité qu'on ne pourrait rompre sans créer des exclusions et des priviléges.

M. le Ministre des finances a déclaré qu'il trouvait une assimilation complète plus raisonnable, et qu'il n'en résulterait pour le Trésor qu'un très-léger préjudice. Il n'existe dans l'Administration aucun document sur la quotité de ces droits; mais l'Administration estime que leur importance ne pourrait s'élever au-delà de deux millions. Or, il suffirait du plus léger droit de dénaturation pour compenser cette perte.

D'autre part, en ce qui concerne l'hydrogène liquide, le trésor ne perd rien. C'est une matière nouvelle sur laquelle il ne pourrait, avec la fiscalité existante, espérer le moindre produit, puisqu'elle n'entrerait pas dans la consommation.

Une seconde difficulté s'est présentée à la Commission, dans la nécessité de prévoir la situation des octrois des villes par rapport à l'application de la loi nouvelle.

On s'est demandé si cette loi ne pourrait pas leur fixer un *maximum* que les villes n'auraient pas la faculté de dépasser dans le règlement de leurs tarifs d'octroi sur les alcools dénaturés?

L'article 149 de la loi du 28 avril 1816 a paru fournir un précédent d'autant mieux applicable, qu'il avait pour objet de régler les droits sur les alcools.

Nous ne rappellerons pas les autres principes de la matière ; l'an dernier la Chambre les a discutés à l'occasion du buget, dans lequel elle a introduit une modification aux droits d'octroi, même à ceux déjà réglés et autorisés par une ordonnance royale.

Mais ici il est incontestable que, pour l'objet le plus important de la loi, il n'y a pas à modifier la législation existante.

En effet, la matière d'éclairage dont nous nous occupons était inconnue. C'est une découverte que les octrois des villes n'ont pu prévoir ni imposer. Si on leur appliquait les tarifs de l'alcool boisson , on tarirait à l'instant même les sources du revenu qu'on voudrait créer.

Quant aux alcools de l'industrie, les villes qui en ont retiré un revenu modique pourraient , en usant de la faculté de taxer dans les limites que le projet de loi leur assigne, s'en rendre pleinement indemnes. Mais il y a lieu d'espérer que les conseils municipaux se pénétreront des avantages qu'offrira à la consommation des villes l'emploi des alcools dénaturés , et qu'ils n'useront pas même d'une faculté que la loi a dû pourtant leur réserver, tout en la restreignant dans de sages limites.

Ainsi, en résumé, la Commission estime :

1° Que les *alcools dénaturés* doivent être affranchis de tous droits d'entrée, de circulation, de consommation ou de détail.

2° Que les conditions de la *dénaturation* et les formalités nécessaires pour la constater doivent être déterminées par un règlement d'administration publique ;

3° Que le même règlement pourra établir au profit du Trésor public un droit *de dénaturation* des alcools modérés sur des bases équitables, comme complément des moyens de prévenir la fraude , sans porter atteinte à la consommation.

4° Qu'enfin , l'Administration pourra autoriser les octrois des villes à percevoir une quotité du droit établi au profit du Trésor sans qu'il puisse excéder le tiers du droit du Trésor.

D'après les modifications apportées à la proposition, elle serait conçue comme il suit :

PROPOSITION.

PROPOSITION.

Art. 1er.

A l'avenir, seront affranchies de tous droits, quel que soit le destinataire, les eaux-de-vie et esprits dénaturés de manière à être rendus impropres à la consommation.

Art. 2.

Les formalités à remplir pour opérer et constater la dénaturation seront établies par un règlement d'administration publique.

AMENDEMENTS

Dè la Commission.

Art. 1er.

Sont affranchis de tous droits d'entrée, de consommation ou détail et de circulation, les eaux-de-vie et esprits dénaturés de manière à ne pouvoir être consommés comme boissons.

Art. 2.

Des règlements d'administration publique détermineront les conditions nécessaires pour opérer la dénaturation et les formalités qui devront la constater.

Art. 3.

Les mêmes règlements pourront établir, au profit du Trésor public, un droit qui sera perçu comme *droit de dénaturation*. Ils fixeront une quotité du même droit, que les villes auront la faculté de percevoir à titre d'octroi, sans que cette quotité puisse excéder le tiers du droit du Trésor.

Art. 4.

Les dispositions desdits règlements relatives aux droits énoncés dans l'article précédent, seront présentées aux Chambres pour être converties en loi dans le cours de la session prochaine.

Extrait du Globe, *10 juillet* 1843.

Le projet de loi sur le dégrèvement des alcools employés dans l'industrie, adopté récemment par la Chambre des députés, et soumis en ce moment à l'examen de la Chambre des pairs, remet à l'administration le soin de déterminer, par un règlement, le chiffre du droit de dénaturation qui pourra être perçu sur les alcools dénaturés, et qui varie selon la nature et l'usage du produit industriel, selon le plus ou moins de facilité qu'il offrira à la régénération de l'alcool, etc., etc. Le plus intéressant des produits industriels qui admettent l'alcool dans leur composition, celui que la Chambre et le Gouvernement on eu surtout en vue de favoriser, en adoptant la proposition de MM. Mauguin, de Lasalle et Tesnières, est l'*hydrogène liquide*, formé d'alcools et d'essences rectifiées à 98 degrés et destiné à l'éclairage. Une maison de banque de Paris, la maison Caccia, a fondé à Saint-Cloud, sous la direction de M. le docteur Guyot, une usine où la fabrication de l'hydrogène liquide s'opère par les procédés les plus perfectionnés. M. Boursy, directeur des contributions indirectes, accompagné de M. le colonel Espéronnier, député de Narbonne, de M. de Lasalle, député de la Gironde, l'un des auteurs de la proposition, et de M. Sabès, chef de division au ministère des finances, s'est rendu hier à l'usine de Saint-Cloud, afin d'examiner les procédés de dénaturation de l'alcool mis en usage dans cet établissement. M. le docteur Guyot a fait successivement procéder, sous les yeux de M. Boursy, à la rectification de l'alcool et de l'essence de térébenthine à 99 degrés, puis à leur combinaison par la distillation simultanée. Le produit obtenu a été ensuite expérimenté, et tous les assistants ont pu se convaincre que la combinaison était telle que l'opération de la régénération de l'alcool devenait, sinon impossible, du moins sans avantage pour l'opération, attendu les frais élevés et les appareils nécessairement fort apparents qu'elle exigerait.

M. le directeur des contributions indirectes paraît fort désireux de faciliter le développement de cette nouvelle industrie, qui offre au Trésor une branche nouvelle de revenus, et qui peut ouvrir à la production des alcools un débouché considérable. Nous ne doutons pas que le règlement qui doit émaner de l'administration des contributions indirectes, ne soit conçu dans cet esprit de surveillance bienveillante et d'encouragement qui nous a semblé être la pensée du chef de cette administration. Nous faisons des vœux, dans l'intérêt du Gouvernement comme dans celui des producteurs de vin, pour que nos espérances se réalisent promptement.

DE L'EXEMPTION DES DROITS

EN FAVEUR DES ALCOOLS EMPLOYÉS PAR L'INDUSTRIE,

PAR. M. ESPÉRONNIER, DÉPUTÉ DE L'AUDE.

Dans sa séance du 30 juin 1843, la Chambre des députés a dopté la proposition qui exempte des droits les alcools destinés à l'industrie (1).

(1) « Art. 1ᵉʳ. Sont affranchis de tous droits d'entrée, de consommation ou dé-
» tail, les eaux-de-vie et esprits dénaturés de manière à ne pouvoir être consom-
» més comme boisson.

» Art. 2. Des règlements d'administration publique détermineront les condi-
» tions nécessaires pour opérer la dénaturation et les formalités qui devront la
» constater.

» Art. 3. Les mêmes règlements pourront établir, au profit du Trésor public,
» un droit qui sera perçu comme *droit de dénaturation*. Ils fixeront une quotité
» du même droit, que les villes auront le droit de percevoir à titre d'octroi, sans
» que cette quotité puisse excéder le tiers du droit du Trésor.

» Art. 4. Les dispositions desdits règlements relatives aux droits énoncés dans
» l'article précédent seront présentées aux Chambres pour être converties en loi,
» dans le cours de la session prochaine.

» Art. 5. Les alcools dénaturés suivant les procédés déterminés par les règle-
» ments, ainsi que ceux qui auront été soumis au droit de dénaturation, ne pour-
» ront, comme alcool pur, circuler qu'avec des expéditions de la régie. » . . . . .

Comme membre d'une réunion de députés qui a pris l'initiative de cette proposition, et membre de la Commission désignée par la Chambre pour l'examiner (1), je comptais donner, dans la discussion, quelques explications sur l'importance de la mesure et sur la manière dont il convient qu'elle soit exécutée; mais les circonstances dans lesquelles le vote a eu lieu ne m'ont pas permis de le faire.

L'époque avancée de la session, l'accord du Gouvernement et de la Commission, l'absence de toute opposition sérieuse dans la Chambre, toutes ces circonstances ont déterminé les membres de la Commission à s'abstenir de tout développement, et la proposition a été adoptée sans difficulté.

Toutefois, le projet doit encore être discuté par la Chambre des pairs; et là les députés, auteurs ou partisans de la proposition, ne seront pas présents pour donner, s'il y avait lieu, les explications nécessaires; c'est pourquoi il me semble opportun de consigner ici quelques observations suggérées par une étude attentive de la question dont il s'agit.

Je ne rentrerai pas dans la discussion générale de l'état de détresse des pays vinicoles. Tout a été dit à cet égard. Il a été démontré, dans les deux Chambres, non-seulement par des raisonnements, mais encore par des chiffres, que les souffrances de ces contrées ont atteint ce degré extrême où elles ne sauraient se maintenir sans consommer la ruine de plusieurs millions de familles; que chaque récolte se résout, pour le propriétaire, en pertes considérables; qu'en même temps, cette denrée, livrée à vil prix par le producteur, se trouve, par sa cherté, hors de la portée de la grande masse des consommateurs; que la cause principale d'un tel état de choses est dans les droits exorbitants dont le Trésor et les villes frappent les vins et les alcools; que ces charges sont hors de toute proportion avec celles que supportent les autres produits, et qu'il y a justice, nécessité, urgence, d'adopter des mesures qui apportent quelque soulagement à une situation aussi déplorable.

(1) Le travail de cette Commission a été présenté dans un excellent rapport de M. Viger, du 1ᵉʳ juin 1843.

Je me bornerai donc ici à montrer que la mesure sera avantageuse pour l'agriculture ;

Qu'elle le sera pour l'industrie ;

Qu'elle le sera même pour le Trésor ;

Que la fraude n'est pas à craindre ;

Et, enfin, de quelle manière l'Administration pourra l'appliquer.

Intérêt de l'Agriculture.

L'agriculture, on ne saurait trop le répéter, n'obtient pas chez nous tous les encouragements, tous les secours auxquels elle a droit. Cependant, de toutes les branches de la richesse nationale, c'est la plus féconde, la plus sûre et la plus propre à former une population saine, morale et robuste. Mais on a trop perdu de vue cette vérité, particulièrement à l'égard des vignobles, qu'une législation, née des nécessités de la guerre et maintenue impolitiquement pendant la paix, a accablés sous des charges accumulées.

C'est là une faute dont nos rivaux eux-mêmes ont pris soin de nous avertir. M. Huskisson, un des ministres de la Grande-Bretagne qui ont le plus contribué, par leur sage et habile administration, et par la modération des impôts, à élever les revenus publics de leur pays, M. Huskisson disait, en 1828, que l'Angleterre n'avait rien à craindre de la rivalité d'une nation assez aveugle pour frapper de contributions indirectes ses produits agricoles.

Or, l'intérêt de l'agriculture dans la question actuelle est considérable.

En premier lieu, agrandir le débouché des alcools, c'est faire du bien à la vigne, aux grains, aux pommes de terre et à tous les produits agricoles d'où ces alcools peuvent être extraits.

Ensuite, les matières jugées les plus propres à la dénaturation que devront subir généralement les alcools employés par l'industrie, sont les essences de térébenthine, de houille, de schiste, etc., etc., qui sont en grande partie des produits de notre sol.

L'essence de térébenthine se tire principalement des arbres résineux du département des Landes. La prospérité de cette contrée, si digne de sollicitude, recevrait donc une grande et heureuse impulsion par l'effet de l'exemption qui serait accordée aux alcools dénaturés.

Les essences de houille sont produites en très-grande quantité dans les fabriques de coke où elles se perdent faute d'emploi. Si nous leur ouvrons un débouché, le prix du coke pourra être diminué, et, par suite, les fers et les fontes seront produits à meilleur marché, ce qui serait un résultat très-important.

On emploierait de même les essences de schiste, dont les mines restent inexploitées faute de débouchés.

Enfin, on retirerait les essences des goudrons, ce qui favoriserait encore les forêts d'arbres résineux et créerait en France une magnifique industrie largement pratiquée en Angleterre. En effet, par la distillation des goudrons, on retire d'abord des essences et de l'acide acétique; mais le résidu est un produit plus précieux encore et d'autant plus important qu'on peut y ajouter de la résine et utiliser ainsi des masses de cette matière qui est sans débouché. Ce résidu est d'un beau noir, très-solide après refroidissement et non fragile; il rend les bois imperméables et en prolonge considérablement la durée. Il l'emporte sur toutes les peintures extérieures, et il est plus propre que le bitume à former des plans solides sur lesquels on peut marcher en tout temps.

Intérêt de l'Industrie.

Les produits industriels ou pharmaceutiques dans lesquels entre de l'alcool sont nombreux. Les vernis, les capsules pour fusils à percussion, les chapeaux de soie, les éthers, les sulfates de quinine, etc., en consomment de grandes quantités. On en emploie aussi pour le flambage des étoffes de coton. Le sucre lui-même tirerait un grand avantage de la mesure, si elle pouvait être appliquée, avec des garanties suffisantes, à tous les usages industriels; car l'alcool, porté à un degré de rectification convenable, fournirait un moyen simple et économique de séparer immédiatement la mélasse du sucre, tandis qu'aujourd'hui cette opération se fait avec beaucoup de difficulté et une grande perte de temps.

Mais ce qui est encore plus important, c'est que la mesure de l'affranchissement des alcools dénaturés dotera le pays d'une nouvelle industrie qui promet les plus beaux résultats, et qui doit ouvrir aux alcools un débouché considérable ; je veux parler de l'éclairage par l'alcool mélangé d'essence de térébenthine ou autres essences analogues.

Des essais qui ont été faits de ce mode d'éclairage, pour les malles-postes, les télégraphes de nuit et les phares et signaux de la marine, ont prouvé qu'il était supérieur aux autres modes actuellement employés (1). L'affranchissement des droits sur les alcools devant le rendre plus économique que l'éclairage à l'huile et à la bougie, il pourra être adopté avec avantage par les villes et les particuliers, et les personnes qui ont mûrement étudié cette question évaluent à environ un million d'hectolitres par an la quantité d'alcool qui serait ainsi employée, en lui attribuant le tiers de la consommation actuelle pour l'éclairage. Or, cette consommation augmentera comme elle l'a fait depuis la découverte de l'éclairage au gaz, par la raison que plus les procédés se multiplient et deviennent économiques plus la consommation augmente, et que l'habitude d'une plus grande quantité de lumière se prend et se propage rapidement.

Intérêt du Trésor.

C'est une chose remarquable que le Trésor, au nom duquel ont été élevées les seules objections produites contre la mesure, doive retirer de cette même mesure un bénéfice considérable.

(1) Une remarque faite dans le service des malles-postes fera ressortir quel est le pouvoir éclairant de cette matière. L'appareil à *hydrogène liquide*, mis à l'essai pour l'éclairage des malles, produit, pour un prix inférieur à celui de la bougie, une clarté telle, qu'on peut lire aisément à vingt pas en avant des chevaux et à dix pas de chaque côté.

Et d'abord, tout ce que produira le droit de dénaturation sur les alcools employés pour l'éclairage, doit être compté comme bénéfice, puisqu'il s'agit d'une industrie toute nouvelle, qui tirera son existence de la mise en vigueur de la nouvelle loi. Or, en évaluant la consommation annuelle de l'éclairage à un million d'hectolitres d'alcool, et en supposant que le droit de dénaturation soit de 5 fr. par hectolitre, on aura un revenu annuel de 7 millions de francs (1). Aujourd'hui, le montant des droits perçus sur les alcools employés dans l'industrie n'est évalué par l'Administration qu'à 2 millions environ. En supposant que la mesure proposée prive le fisc de ce revenu, comme en même temps elle lui ferait gagner 7 millions, ce ne serait pas là une perte réelle.

Mais il y a plus; au moyen du droit de dénaturation, le fisc conservera probablement ce produit de 2 millions, et peut-être même il le verra s'accroître.

En effet, par suite de l'exagération des droits dont les alcools sont frappés à l'entrée des villes, la plus grande partie de ces liquides, qu'ils soient destinés à l'industrie ou à la boisson, s'introduisent en fraude. C'est ce que j'ai montré dans un rapport sur les fraudes que la Commission vinicole m'avait chargé de faire au mois d'octobre 1842, et où je relatais, entre autres exemples, qu'à Lyon la quantité d'alcool annuellement consommée était de 14,000 hectolitres, et la quantité soumise aux droits de 600 hectolitres seulement.

Par l'effet de l'affranchissement des alcools destinés à l'industrie, et en supposant qu'ils soient grevés d'un droit de dénaturation d'environ 5 fr. par hectolitre, la fraude qui s'exerce sur ces alcools disparaîtra ; car si on conçoit qu'on s'expose à tous les dangers d'une telle industrie pour un bénéfice qui, suivant les villes, s'élève jusqu'à 82 fr. 50 c. par hectolitre, on ne comprendrait pas qu'on voulût courir ces risques pour gagner 5 fr. et quelquefois moins. La fraude cessant, la totalité des quantités consommées par l'industrie paiera le droit de dénaturation, et

(1) Cinq millions pour un million d'hectolitres d'alcool, et près de deux millions pour l'essence.

dès lors le fisc retrouvera sur la quantité ce qu'il perdra par la diminution du droit. Il y a d'ailleurs lieu de penser que les consommations augmenteront.

On est donc autorisé à conclure que les objections tirées de l'intérêt du Trésor sont dénuées de tout fondement, et que tous les intérêts concourent de la manière la plus heureuse pour appeler une mesure qui doit être pour l'agriculture un élément de prospérité, pour l'industrie une cause de progrès, et pour le fisc lui-même une source de revenus nouveaux ; une mesure enfin qui doit nous affranchir du tribut considérable que nous payons annuellement à l'étranger pour des huiles, des graines oléagineuses, etc.

Le droit de dénaturation dont je viens de parler résulte d'une modification faite par la Commission à la proposition primitive. On a critiqué cette modification ; mais ne devrait-on pas comprendre qu'il y avait trop d'intérêt à obtenir le concours du Gouvernement à l'adoption de la mesure pour qu'on dût refuser cette concession, et ne pas accorder cette garantie aux craintes de fraudes manifestées par l'administration (1)? Un droit minime, un droit de quelques francs par hectolitre, ne peut pas être un obstacle à l'extension que doit recevoir l'emploi des alcools par l'effet du dégrèvement, et la perception de ce droit sera pour l'Administration un moyen de surveillance dont elle se servira pour réprimer les fraudes et non pour paralyser les bons effets de la loi. D'ailleurs, en prescrivant, par l'art. 4, que les dispositions des règlements relatives au droit de dénaturation devront être converties en loi dans le cours de la prochaine session des Chambres, la Commission a pris des garanties suffisantes contre les abus qui pourraient être faits de ce droit.

Une disposition complémentaire a encore été consentie par la Commission, sur la demande du Gouvernement. C'est celle de l'art. 5 qui prescrit que les alcools dénaturés ne pourront circuler qu'accompagnés d'expédi-

---

(1) Quant à moi, qui avait le premier proposé, dans la Commission vinicole, le retour à la loi de 1814, c'est-à-dire à l'affranchissement complet, je n'ai adhéré à la modification que parce que l'adoption du projet de loi eût été compromise.

— 71 —

tions de la régie. C'est une mesure d'ordre utile pour prévenir des abus et des fraudes ; elle avait été indiquée par la Chambre de Commerce de Montpellier elle-même ; il n'y avait pas de motifs pour la repousser.

Impossibilité de la fraude.

On peut dire, sans exagérer, que la fraude qui se ferait par le rétablissement dans leur état primitif des alcools dénaturés n'est pas possible.

Il est vrai que la chimie n'a pu, jusqu'à présent, indiquer un moyen de dénaturation qui rendît *absolument impossible* la séparation des matières infectantes unies à l'alcool, et le rétablissement de ce dernier comme boisson de mauvaise qualité. Mais il existe des moyens de dénaturation assez efficaces pour résister à toutes les tentatives qu'on pourrait faire *commercialement* pour régénérer les alcools dénaturés. Plusieurs chimistes éminents que j'ai consultés se sont prononcés dans ce sens ; quelques uns même ont affirmé, après examen des conditions à remplir et des effets à produire, que la question de la dénaturation complète ne peut manquer d'être résolue, et qu'on aurait tort d'ajourner une mesure aussi importante, par cela seul que des essais entrepris isolément et sans mission précise, n'auraient pas encore donné toutes les garanties désirables. Le savant Darcet me disait à ce sujet : « Que le ministre prescrive à tous les professeurs » de chimie des facultés et des autres établissements publics, de faire des » recherches, et avant un mois il aura plusieurs procédés satisfaisants. »

Le chimiste Gauthier de Claubry, employé à l'Ecole Polytechnique, qui a bien voulu, à ma prière, faire un travail sérieux et des expériences sur cette question, a émis l'avis, après de nombreux essais, que la séparation complète des essences mêlées à l'alcool, surtout de celles de houille et de schiste, présente les plus grandes difficultés ; que ces difficultés sont plus grandes lorsqu'on a mêlé à l'alcool *de la vive essence* (produit de la distillation de la résine), et qu'enfin elles augmentent encore lorsque le mélange se fait à chaud, par la distillation, comme cela a lieu pour la préparation du mélange éclairant auquel on a donné le nom d'*hydrogène liquide*, et que je désignerai aussi par cette dénomination, quoiqu'elle soit scientifiquement inexacte.

M. Gauthier de Claubry a étudié cette question au point de vue commercial, et eu égard aux moyens dont la fraude dispose. Il est l'un des chimistes les plus fréquemment appelés par les tribunaux et la préfecture de police, pour examiner les liquides falsifiés dans le but de frauder les droits. Son opinion me paraît donc devoir être ici d'un grand poids.

M. Payen a indiqué, de son côté, comme très-efficace, l'huile empyreumatique; et un chimiste de Béziers, M. Audard, qui a fait de nombreuses expériences avec l'huile empyreumatique *rectifiée*, affirme que l'alcool dénaturé de cette manière ne peut plus, par aucun procédé, être rendu potable.

On a indiqué, d'autre part, la distillation de l'esprit sur des goudrons de bois, ou bien son mélange, par distillation simultanée, avec les essences de ce même goudron, et l'on a reconnu qu'après ces opérations, quels que soient les traitements employés pour régénérer les alcools, les produits obtenus conservent toujours une saveur nauséeuse et intolérable.

L'huile essentielle de pomme de terre paraît également donner toutes les garanties désirables. En Angleterre, on a offert des primes considérables pour la découverte d'un moyen qui pût séparer cette huile de l'alcool. Cette découverte était d'un intérêt commercial très-grand, puisqu'elle aurait permis de traiter directement la pomme de terre, au lieu qu'aujourd'hui on est obligé de la transformer d'abord en fécule, pour extraire ensuite l'alcool du sirop de cette fécule. Néanmoins, on n'a obtenu aucun résultat; on peut donc en conclure que l'emploi de cette huile essentielle donnerait des garanties suffisantes.

Ainsi, la régénération des alcools peut déjà être considérée comme n'étant pas possible, au moins commercialement; mais, fût-elle possible et même facile, les fraudeurs seraient arrêtés, d'abord par l'obligation de distiller, ce qui nécessite un établissement et des appareils qui ne sauraient échapper longtemps à la surveillance de l'autorité; ensuite, par la difficulté de se défaire des quantités considérables d'essences de térébenthine ou autres, dont ils se trouveraient bien vite encombrés et qui éveilleraient aussitôt les soupçons de l'Administration; enfin, par les frais de l'opération, qui souvent absorberaient tout le bénéfice de la fraude, ainsi que je vais le montrer en prenant pour exemple le mélange éclairant appelé hydrogène liquide, tel qu'on le fabrique dans une usine établie à Saint-Cloud, que la Commission vinicole m'avait chargé, au mois de février dernier, de visiter conjointement avec mon collègue M. Lassalle, député de la Gironde.

L'hydrogène liquide est composé d'environ 1/3 d'essence de térébenthine, de schiste ou de houille purifiée à 74°, et de 2/3 d'alcool à 99°, distillés ensemble sur de la chaux.

Une usine comme celle de Saint-Cloud, qui fabrique 12 hectolitres d'hydrogène liquide par jour, exige une première mise de fonds de 31,232 fr. 80 c., savoir :

1° Appropriation de l'usine en bâtiments et locaux. .	6,000 fr. 00 c.
2° Huit appareils de rectification à 943 fr. 40 c. chaque	7,547 20
3° Quatre appareils pour la distillation simultanée des esprits et des essences, à 943 fr. 40 c. chaque. . .	3,773 60
4° Ustensiles divers.	4,200 00
5° Première mise d'approvisionnement en esprit, essence, bois et chaux. . . . , ...	9,712 00
Total des capitaux avancés.	31,232 80
L'intérêt de cette somme est de.	1,561 64
Les frais de surveillance, bureau, main-d'œuvre, coulage, renouvellement d'ustensiles, etc.	18,944 80
Ce qui donne, non compris les frais d'assurance, une dépense annuelle de.	20,506 44
Laquelle, divisée par le nombre d'hectolitres fabriqués dans l'année, pèse sur chaque hectolitre pour. . . .	4 68

Chaque hectolitre dépense en outre :

1° Chaux vive et bois pour la rectification de l'alcool à 99° et la distillation simultanée avec l'essence.	4 63

2° 77 litres d'esprit qui, après l'extraction de l'eau et par la perte d'une quantité de 2 litres 1/2 pour 100 qui reste dans la chaux, donnent 67 litres. . . . . . , . . .   30   80

3° 34 litres d'essence qui, par la purification, perd un litre de substances résineuses ou volatiles, et rend 33 litres (à 60 fr. l'hectolitre).   20   40

Dépense totale pour un hectolitre. . . .   60 fr. 51 c.

Et ici il faut remarquer que les prix des essences et des alcools devant nécessairement s'élever par l'effet de la mesure, notre évaluation est trop faible.

Ajoutons le bénéfice du fabricant, qui sera au moins de 10 fr. par hectolitre, et un droit de dénaturation que nous pouvons supposer de 5 fr., nous aurons pour prix de revient d'un hectolitre d'hydrogène liquide, 75 fr. 50 c.

Or, en supposant la régénération de l'alcool possible, le fraudeur aurait à dépenser :

1° Un hectolitre d'hydrogène liquide coûtant. . . . . . 75 fr. 50 c.

2° Transport de ce liquide, etc. 2   00

3° Frais pour la séparation de la matière infectante. . 10   00

4° Déchet et dépréciation par le mauvais goût et par la nécessité de vendre en fraude, la perte de temps. etc. . . . 10   00

Total. 97   50

Le fraudeur aura ainsi obtenu :

1° 33 litres d'essence valant. 19   80

2° 74 à 75 litres d'esprit, d'une valeur de. 30   00

Total (1). . . . . 49 fr. 80 c.

(1) Ces calculs ont été fournis par M. le docteur Jules Guyot, à qui l'on doit les plus grands perfectionnements apportés dans l'industrie de l'éclairage par l'alcool, et qui a dirigé la fondation de l'usine de Saint-Cloud. Des expériences,

Il reste donc à sa charge, en place des droits qu'il a évités sur les 75 litres d'esprits obtenus, 47 fr. 70 c. ; de telle sorte que, hors Paris où le droit n'est, pour 75 litres, que de 28 fr. 14 c., il perdrait 19 fr. 46 c. ; et dans Paris où le droit, pour la même quantité, s'élève à 61 fr. 87 c., il aurait un bénéfice de 14 fr. 17 c., ou d'environ 15 p. 100 sur le prix de vente, ce qui est l'équivalent du bénéfice ordinaire de toute industrie permise, et ne compense pas, par conséquent, les risques courus par le fraudeur.

J'ai cité comme exemple le mélange alcoolique éclairant, fabriqué d'après les procédés employés dans l'usine de Saint-Cloud ; mais on pourrait en composer d'analogues suivant d'autres conditions, sans priver le Trésor de ses garanties. Une commission de savants professeurs, formée à Montpellier par les soins de M. le préfet de l'Hérault, a indiqué, en effet, une composition différente de l'hydrogène liquide, qui paraît offrir toutes les garanties désirables contre la fraude.

On dira peut-être, pour rejeter la conclusion qui résulte de ces chiffres, que la fraude pourra s'exercer sur des mélanges faits avec des alcools non rectifiés au degré indiqué et avec des essences non purifiées, ce qui diminuerait le prix de revient du liquide ; mais je répondrai qu'il est facile, au moyen d'instruments qui donnent le degré et la température des liquides, et par un calcul très-simple, de vérifier avec exactitude le

auxquelles j'ai assisté dans cette usine, ont montré quelles sont les conditions de préparations nécessaires pour fournir un très-bon éclairage avec le plus d'économie possible.

Le principal débouché, pour les alcools, à espérer du dégrèvement devant provenir de leur emploi à l'éclairage, il m'a paru utile de donner, sur le mode de préparation, ses résultats et le prix comparé à l'huile, quelques indications propres à guider pour la fabrication du nouveau liquide éclairant, et à garantir contre des essais mal dirigés dont l'insuccès pourrait nuire à l'extension de l'industrie sur laquelle les producteurs d'alcool ont fondé tant d'espoir. Ces indications intéressent aussi les consommateurs auxquels il importe d'avoir un combustible du plus grand pouvoir éclairant et n'offrant aucune odeur à la combustion. (Voir la note page 17.)

degré de rectification de l'alcool, ainsi que la quantité d'essence et son degré (1).

On ne saurait objecter, non plus, que ces vérifications sont trop difficiles pour des employés de la régie; car l'administration leur demande les mêmes calculs pour constater, avec l'alcoomètre de Gay-Lussac, le degré des spiritueux. Ce que l'on fait dans l'intérêt du fisc, on peut le faire également dans l'intérêt de l'agriculture et de l'industrie.

Ainsi, en résumé, hors Paris, point de bénéfice et même perte pour le fraudeur, et dans Paris, malgré l'exagération des droits d'octroi, bénéfice trop minime pour qu'il se trouve des gens disposés à courir les chances des saisies et peines qu'entraînerait une fraude d'ailleurs si facile à découvrir.

Mais, au surplus, quel sera le spéculateur assez mal avisé pour aller choisir ce genre de fraude, quand il en a d'autres qui, n'étant pas plus dangereux, sont cinq ou six fois plus lucratifs? Par exemple, une distillerie clandestine établie dans l'intérieur de Paris pourrait fabriquer de l'alcool avec du sirop de fécule de pommes de terre; le spéculateur gagnerait ainsi la totalité du droit d'entrée, ou 82 fr. 50 c. par hectolitre, et il ne courrait pas de plus grands risques que celui qui distillerait de l'hydrogène liquide et aurait 17 fr. de bénéfice par hectolitre. Qui donc irait choisir la seconde industrie de préférence à la première?

Eh bien! l'Administration s'inquiète-t-elle de la possibilité de cette fraude qu'on ferait avec le sirop de fécule? prétend-elle exclure les fécules de l'intérieur des villes ou les grever d'un impôt énorme comme celui que supportent les alcools? Elle n'y a pas songé, parce qu'elle

(1) M. Gauthier de Claubry indique, pour reconnaître la quantité d'essence, le procédé suivant : mesurez le mélange dans un tube de verre gradué, ajoutez deux fois au moins son volume d'eau saturée de sel, agitez le tout ; l'essence vient à la surface et se trouve mesurée immédiatement.

On a, d'autre part, indiqué un procédé pour constater simultanément si l'alcool est à 99° et l'essence à 74°, comme on les emploie dans la composition de l'hydrogène liquide.

comprend qu'un genre de fraude qui exige une distillation ne saurait
échapper à la surveillance de ses agents. C'est là, en effet, le point capital et décisif : il s'agit beaucoup moins de savoir si l'on trouvera un
moyen d'infecter l'alcool de manière à ce qu'il ne puisse plus être rendu
potable, ou si les frais de l'opération dépasseront le bénéfice, que de savoir
si, avec tel mode de dénaturation, une distillation sera nécessaire pour
régénérer l'alcool ; car cette seule garantie suffit, et c'est surabondam-
ment que j'ai cherché à établir que l'Administration en avait plusieurs
autres.

De l'exécution de la mesure.

Il est aisé de comprendre que la loi ne devait pas fixer elle-même le
mode et les formalités de la dénaturation. Telle matière infectante qui se
conciliera avec tel ou tel produit peut être incompatible avec tel ou tel
autre. Un mode de dénaturation ne peut donc être prescrit d'avance sans
objet déterminé ; mais, au contraire, il doit être établi en vue ou par le
fait de chaque industrie appelée à profiter de la mesure. L'Administration seule est dès lors en position de fixer les conditions diverses que
chaque industrie devra remplir pour jouir de l'exemption des droits ; la
loi devait lui en laisser le soin et se borner à poser le principe.

Pour se conformer au vœu de la loi, l'Administration devra en appliquer les dispositions dans le sens le plus large. Elle demandera sans doute
aux industries qui se présenteront pour jouir de l'affranchissement des garanties suffisantes contre la fraude ; mais elle ne devra pas aller au-delà de
ce qu'exigeront les intérêts légitimes du Trésor. Ces garanties, elles les
trouvera, soit dans un mode particulier de dénaturation de l'alcool, soit
dans la surveillance qu'elle pourra exercer sur les usines employant ce
liquide. Elle ne demandera pas une dénaturation absolue, puisque les
procédés de dénaturation indiqués jusqu'à ce jour sont tous susceptibles
d'objections ; mais elle s'attachera au principe : que les esprits non consommés en boisson ne doivent pas supporter l'impôt des boissons, et elle
fera de ce principe une application franche et libérale.

Telle est la mission de l'Administration quant au règlement qu'elle devra faire. C'est ainsi que M. le Ministre des finances l'a comprise, et nous devons attendre, de sa sollicitude éclairée pour la prospérité de l'agriculture et de l'industrie et de ses promesses, des dispositions efficaces et progressives.

« De cette manière, la mesure votée par la Chambre des députés, et soumise en ce moment à la Chambre des pairs, apportera, il faut l'espérer, un premier soulagement aux souffrances des pays vinicoles. Dans le Nord, il est vrai, les alcools de fécule ou de grains prendront une plus grande part que les alcools de vin aux avantages de la nouvelle loi ; mais dans le Midi, et partout où se récoltent des vins à alcool, la consommation locale ouvrira à ces vins un débouché important et en relèvera le prix. Dans le Nord même, les facilités nouvelles données à l'emploi des alcools de grain ou de fécule pourront réagir d'une manière heureuse sur les alcools de vin.

En résumé, la mesure sera utile à l'agriculture, à l'industrie et au Trésor lui-même ; elle n'aura pas, comme on l'avait craint d'abord, l'inconvénient d'ouvrir une porte à la fraude ni celui de nuire à d'autres produits de notre sol ; elle est opportune et nécessaire, puisqu'elle a pour objet de venir au secours d'une branche de l'agriculture dont la détresse est à son comble ; ce sera, enfin, une amélioration réelle en attendant des mesures plus efficaces qui seront proposées dans la prochaine session.

Paris, 8 juillet 1843.

NOTE SUR LE MÉLANGE ÉCLAIRANT A BASE D'ALCOOL,

FABRIQUÉ A SAINT-CLOUD.

Les esprits employés à la fabrication de l'*hydrogène liquide* doivent être rectifiés au-dessus de 88 degrés centésimaux : 1° parce que, quand l'esprit contient plus de 2 p. 100 d'eau, la vapeur se décompose à la combustion, et forme avec l'essence un produit odorant qui rend l'hydrogène liquide inemployable dans les appartements ; 2° parce que, au-dessous de ce degré de rectification, les esprits n'ont pas la faculté de dissoudre assez d'essence pour constituer un éclairage économique.

Ainsi, l'esprit rectifié d'après les procédés commerciaux à 94 degrés peut dissoudre, l'été, jusqu'à 22 et 23 parties d'essence pour 77 et 78 parties d'esprit ; l'hiver, il ne peut en maintenir dissoutes que 16 à 18 parties sur 82 et 84. Or, un tel mélange a un pouvoir éclairant si faible, qu'il faut en consommer deux litres environ pour donner la même lumière qu'un litre d'huile. L'esprit rectifié à 94 degrés se vend plus de 60 francs l'hectolitre ; l'essence ayant le même prix, on voit que deux hectolitres coûteront 120 fr. pour donner la même lumière qu'un hectolitre d'huile qui coûte, à Paris, 98 fr.

L'esprit à 98 degrés de rectification dissout, l'été comme l'hiver, un volume égal au sien d'essence, et l'hydrogène liquide qui en résulte donne une lumière égale à celle de l'huile pour une consommation égale.

Par les procédés imaginés par M. le docteur Jules Guyot, procédés que nous avons vu fontionner sous nos yeux, l'esprit du commerce coûtant 40 fr. est porté à la rectification absolue avec une dépense moindre de 15 fr. par hectolitre, en y comprenant la perte en eau. Soit 55 fr. l'hectolitre qui, mélangé à un hectolitre d'essence, donne deux hectolitres d'hydrogène liquide équivalant à deux hectolitres d'huile. L'économie dans l'éclairage est à peu de chose près de moitié sur l'huile. Il importe donc au plus haut degré d'employer les esprits absolus.

Les essences doivent être également rectifiées, parce qu'elles contiennent toujours une certaine quantité de résine qui engorge les tampons, obstrue les trous d'évaporation et répand une odeur insupportable à la combustion ; si l'on voulait s'abstenir de cette rectification des essences, on mettrait dans le commerce un combustible d'éclairage le plus souvent inemployable et qui obligerait à changer tous les jours les tampons destinés à monter le liquide par capillarité.

Or, le moyen le plus économique et le plus rapide d'opérer cette rectification consiste à distiller les essences avec les esprits après qu'on en a opéré le mélange.

Pour cette distillation simultanée, il faut encore, comme pour la rectification, des instruments spéciaux et des dispositions spéciales qui sont également dus aux recherches et aux expériences du docteur Jules Guyot.

CHAMBRE DES PAIRS.

Séance du 12 juillet 1843.

RAPPORT

Fait à la Chambre par M. le Comte Daru, au nom d'une Commission spéciale (1) chargée de l'examen du projet de loi tendant à affranchir de tous droits les esprits et eaux-de-vie rendus impropres à la consommation.

MESSIEURS,

Une proposition émanée de l'initiative de la Chambre des députés vous est soumise. Elle a pour objet d'affranchir de tous droits les esprits et eaux-de-vie rendus impropres à la consommation, et de laisser aux règlements d'administration publique le soin de déterminer provisoirement les conditions nécessaires pour mettre le Trésor à l'abri de la fraude.

L'alcool entre dans la plus grande partie des liquides employés comme boissons, et sous cette forme il est atteint d'un droit fixe de 82 fr. 50 c. l'hectolitre, rendu dans Paris, savoir : 55 fr. pour l'Etat, et 27 fr. 50 cent. pour la ville.

Mais l'alcool entre aussi comme élément nécessaire dans un certain nombre de produits industriels, tels que les éthers, les parfums, les fulminates, les préparations pharmaceutiques, les vernis, le flambage des étoffes et des chapeaux, etc.

Un des principes de la législation qui régit les impôts indirects est que, toutes les fois qu'une matière devient, sous une forme nouvelle, inca-

(1) Cette Commission était composée de MM. DE CHASTELLIER, CHEVANDIER, le comte DARU, FERRIER, GAUTIER, le comte DE MOSBOURG, le baron TUÉNARD.

pable de servir à l'emploi pour lequel elle a été imposée, on peut l'affranchir de la taxe dont elle est grevée, après s'être assuré de sa dénaturation.

Les droits actuellement perçus sur les esprits s'appliquent à cet objet, considéré comme base des boissons spiritueuses, et non considéré comme base de produits industriels.

Cette distinction, déjà faite pour quelques matières imposables et imposées, telles que le sel, on vous demande, Messieurs, de l'étendre aux esprits et eaux-de-vie.

Il s'agit de savoir si les industries au profit desquelles cette exemption serait prononcée sont véritablement importantes; si le plus facile écoulement des alcools sur le marché apporterait une amélioration notable à ce commerce en souffrance; si le Trésor ne serait pas exposé à perdre, par l'effet de la fraude, une partie des revenus qu'il touche actuellement; enfin si l'on peut espérer de soulager ainsi la détresse des pays de vignobles.

Assurément s'il s'agissait uniquement des industries dont nous avons parlé plus haut, dont l'existence est déjà ancienne, et dont la consommation, restreinte par la cherté des objets qu'elles produisent, dans un cercle nécessairement borné, ne saurait beaucoup s'étendre même après la suppression des taxes, nous résoudrions négativement toutes ces questions, ou du moins nous comprendrions fort bien que la nécessité du dégrèvement fût controversable et controversée. On pourrait soutenir que quelques centimes de plus ou de moins sur le prix d'un chapeau, d'un mètre d'étoffe, des parfums, ne saurait en accroître l'usage.

Mais, dans ces derniers temps, un art ingénieux est parvenu à appliquer à l'éclairage habituel et domestique les matières alcooliques, et à satisfaire ainsi à l'un des besoins les plus grands, les plus communs et les plus généralement répandus de la population. La question prend alors une face toute nouvelle; l'exemption demandée se motive alors par une utilité incontestable. Elle s'appuie également sur un principe d'équité; car, nous le démontrions tout à l'heure, le nouveau procédé d'éclairage est le seul qui soit frappé d'une taxe énorme, tandis que les industries

11

rivales et similaires sont complétement affranchies de tout droit; cette industrie attend la vie du dégrèvement demandé.

Messieurs, la chimie est une science moderne; mais combien ses progrès sont rapides! Jusqu'au xviiie siècle elle ne présentait qu'un amas confus de faits mal observés, sans lien entre eux, sans classification et sans ordre. Il y a soixante ans à peine que des hommes éminents, dont le génie laissera un long souvenir dans l'histoire, Lavoisier, Berthollet et d'autres, dont il ne nous est pas permis de prononcer le nom dans cette enceinte, ont ouvert à toutes les intelligences des voies nouvelles, ont pénétré dans le secret des corps organiques, et déduit de l'étude attentive des phénomènes chimiques, les vérités qui ont servi de base et de fondement à la science.

Voyez aussi combien, depuis cette époque, les arts industriels, s'emparant à l'envi de ces grandes découvertes et les appliquant à tous nos besoins, se sont développés! combien ils ont amélioré déjà, et comme ils améliorent de jour en jour la condition matérielle de la société! Leur marche est dorénavant assurée, et leurs progrès croissants sont attestés par la multitude d'inventions qui se succèdent et se substituent les unes aux autres.

L'élairage à l'alcool carburé est une preuve de plus de cette tendance universelle et de cette heureuse direction des esprits.

Il y a longtemps, Messieurs, que des essais ont été tentés pour obtenir un combustible par le mélange de l'alcool et des huiles essentielles. En Allemagne, en Amérique, et dans le midi de la France, diverses combinaisons ont été tour à tour adoptées. Mais plus curieux que d'une utilité pratique, ces divers mélanges n'ont pas pris, jusqu'à présent, une grande place dans la consommation, soit en raison de leur prix élevé, soit par l'insuffisance de la clarté du foyer.

Aujourd'hui, une substance nouvelle, à laquelle on a donné fort improprement le nom d'hydrogène liquide, et qui commence à se répandre dans le commerce, semble éviter tous ces inconvénients.

On a trouvé le moyen de confectionner un mélange, qui, par l'effet de la chaleur, s'évapore, s'enflamme au contact d'un corps allumé, et produit une flamme blanche et pure. Au dire du savant chimiste que la Commission comptait parmi ses membres, et aux termes du rapport présenté à M. le Ministre du commerce par le comité consultatif des arts et métiers, cette flamme est tantôt d'une clarté douce qui ne fatigue pas la vue, tantôt étincelante et vive, selon la proportion des substances employées. Le liquide est lui-même d'une propreté parfaite et sans viscosité ; il ne tache pas quand on le renverse ; il ne développe pas d'odeur pendant la combustion. Il ne dégage ni fumée ni matière qui puisse engorger les conduits ; il s'élève par le seul effet de la capilarité le long d'un tisu de coton, jusqu'à la hauteur de 15 ou 16 centimètres, ce qui permet d'affecter exclusivement à son emploi des lampes du plus simple appareil, sans mécanisme compliqué ni coûteux.

Cet éclairage se compose d'alcool et d'essence de térébenthine ou de schiste, dans des proportions qui varient, depuis 25 pour l'un et 75 pour l'autre, jusqu'à partie égale de l'un et de l'autre.

Nous ne savons pas, Messieurs, jusqu'à quel point l'hydrogène liquide est appelé à entrer dans les usages habituels du public et à chasser les corps gras de la consommation ; mais la simplicité de son emploi, le bon marché des récipients qui le contiennent, la qualité de la lumière qu'il produit, nous porterait à le penser.

Au nombre de ses propriétés, nous devons en signaler deux qui ont donné lieu récemment à des expériences fort intéressantes, faites par les ordres de l'Adminitration.

1° Ce liquide n'exige aucun entretien, aucun frais, aucune surveillance. Il brûle d'une manière égale et continue aussi longtemps que le réservoir qui alimente la mèche renferme du combustible.

2° La flamme, loin de s'affaiblir par les oscillations et les secousses, s'anime et semble prendre alors un nouveau degré d'intensité.

De là, deux applications importantes à l'éclairage des malles-postes et des télégraphes de nuit. Ces applications ont été faites, sur l'avis de commissions spéciales, et elles ont donné lieu aux résultats suivants :

Les communications télégrapiques sont sans cesse interrompues par les accidents de l'atmosphère ou par la tombée de la nuit ; elles ne peuvent transmettre que les nouvelles du jour. Leur utilité est, pour ce double motif, circonscrite et bornée dans un petit nombre d'heures. Quel est le moyen de l'étendre? autrement dit, comment parvenir à créer une télégraphie de nuit en disponibilité permanente? Il faut évidemment, pour cela, obtenir un combustible qui projette au loin une vive clarté, qui ne demande point d'apprêt, se conserve pur en toute saison et pendant longtemps. L'hydrogène liquide remplit ces diverses conditions.

On peut l'affimer, maintenant que l'expérience est faite et a prononcé.

Une télégraphie de nuit a été établie entre Paris et Dijon, d'une part ; et, de l'autre, entre Paris et Tours. La première ligne a été éclairée par l'hydrogène liquide, et la seconde par l'huile.

Les stations de la première ligne, anciennement construite par M. Chappe, sont à des distances irrégulières, séparées par des intervalles qui vont jusqu'à 14 et 15 kilomètres. Les stations de la deuxième ligne, au contraire, récemment construite, sont régulièrement espacées à une distance moyenne de 10 kilomètres seulement.

La Commission chargée de suivre ces essais a constaté, dans un rapport adopté à l'unanimité, en date du 8 de ce mois, que les fanaux de la ligne de Dijon éclairaient comme 40 grammes d'huile, brûlée dans une bonne lampe Carcel ; tandis que les fanaux de la ligne de Tours n'éclairaient que comme 12 grammes d'huile brûlée par une mèche plate à simple courant. On conçoit, en effet, que les mouvements des fanaux ne permettant pas d'employer les cheminées à double courant, l'éclairage à l'huile ait, sous le rapport de l'intensité de la flamme, en pareille circonstance, une infériorité marquée. Les appareils dont on peut se servir sont en effet construits alors et nécessairement dans les conditions des anciens réverbères, et ne peuvent avoir par conséquent une lumière énergique. L'inaltérabilité du liquide nouveau semble également constatée ; il s'est conservé pur pendant plusieurs mois, tandis que l'huile, au bout d'un mois tout au plus, a dû être nécessairement renouvelée. On peut dire que ces propriétés du mélange nouveau le rendent extrêmement propre à un pareil usage.

L'administration des postes a aussi, depuis trois ans, employé ce combustible à l'éclairage des malles. Tous les rapports s'accordent à reconnaître qu'à vingt-cinq ou trente pas des lanternes, les foyers projettent une lumière telle qu'il est possible de lire aisément les plus petits caractères ; amélioration importante, Messieurs, pour la sûreté du parcours dans des voitures dont la vitesse de marche est si grande.

Enfin, le directeur des phares, M. Fresnel, a présenté récemment un rapport, duquel il résulte que le nouveau combustible pourrait être utilement appliqué à l'éclairage des côtes, et principalement des phares isolés en mer. M. Fresnel, pour établir cette opinion, se fonde sur la possibilité d'abord d'obtenir un foyer brillant continu de lumière ; en second lieu, sur le peu de soin de surveillance et d'entretien qu'exigent ces appareils.

Vous le voyez, Messieurs, le nouveau produit industriel a déjà conquis bien des suffrages, et s'annonce sous de brillants auspices. Il semble, en vérité, que le problème, si longtemps poursuivi en France et en Angleterre, d'obtenir par la compression du gaz une flamme régulière, brillante, et brûlant jusqu'à la dernière goutte du mélange éclairant, soit résolu. On a remarqué en effet que des lampes en cristal, après trois mois de combustion, ne présentaient aucun dépôt, aucun résidu ; le cristal était aussi limpide qu'au moment où il avait reçu la liqueur.

Cet éclairage, dont les propriétés ne sont plus contestables aujourd'hui, a été néanmoins peu employé dans l'économie domestique. Pourquoi cela, Messieurs ? Par suite de l'élévation de son prix. Lorsque l'on ajoute, en effet, à ses frais de préparation les droits qui pèsent sur les alcools, c'est-à-dire 82 fr. 50 c. dans Paris, on élève immédiatement sa valeur au-dessus de celle des huiles, de la cire et des corps gras qui se brûlent.

Supprimez l'impôt qui le grève, et dès lors l'usage de ce combustible présentera une économie notable sur les matières communément employées. Il est facile de s'en convaincre.

Quand les essences et les esprits sont en proportion égale, le pouvoir éclairant de ce mélange est précisément le même que celui de l'huile pour une même consommation.

Or, il faut, pour produire 50 litres d'esprit rectifié, employer 57 litres d'esprit du commerce, qui, à 40 fr. l'hect., reviennent à. . . 22 fr. 80 c.

15 litres d'essence du commerce, à 60 fr. l'hectolitre, donnent 50 litres d'essence, qui reviennent à. 30   60

Enfin, les frais généraux, la main-d'œuvre, le bois de chauffage sont estimés par hectolitre à. 10   00

Total. . . . . 63 fr. 40

Si l'on compte pour le bénéfice du fabricant. 8   60

Le prix de revient à l'usine de l'hydrogène liquide sera de   72 fr.

Il résulte de cette appréciation, que l'on peut considérer comme suffisamment exacte, que le prix de l'hydrogène liquide est de beaucoup inférieur au prix de l'huile de colza, par exemple, qui tombe rarement au-dessous de 90 fr.; et cela est vrai dès le début, c'est-à-dire à une époque où cette industrie nouvelle n'a pas encore reçu certainement les perfectionnements qu'elle est appelée à recevoir un jour.

Il y a donc, vous le voyez, Messieurs, une utilité véritable à dégrever les alcools qui constituent la matière première du nouvel éclairage.

Mais, d'un autre côté, il ne faut pas que la fraude puisse dégager les esprits contenus dans le mélange, de manière à pouvoir les livrer, sans acquitter les taxes, au besoin de la consommation. L'hydrogène liquide ne dénature pas les alcools, dans ce sens qu'il n'en altère ni l'odeur, ni la saveur à ce point qu'il soit impossible, par les procédés chimiques, de les rendre à leur forme primitive. A vrai dire, il n'existe pas aujourd'hui de moyen connu d'opérer cette dénaturation. On a essayé tour à tour et depuis longtemps d'y parvenir à l'aide du camphre et d'autres substances, mais on a toujours échoué. La fraude, active et avide, a déjoué sans cesse les efforts de la science, et elle est constamment parvenue à extraire, plus ou moins pures, des divers mélanges qui les contiennent, les matières alcooliques. Il fut un temps où l'on crut que la térébenthine possédait cette propriété de dénaturation. L'administration des contributionr indirectes avait même, en 1816, admis la franchise des eaux-de-vie combinées avec cet ingrédient ; mais cette franchise dut être bientôt retirée, et le sens de la loi, interprété d'une manière favorable aux prétention du fisc, confondit sous un même régime tous les alcools, quelle que fut leur destination.

La question de dénaturation complète n'est donc pas encore résolue. Tel est du moins l'avis du comité consultatif, fort compétent en pareille matière, et des producteurs intéressés eux-mêmes, qui reconnaissent cette vérité. Cela ne veut pas dire que l'on doive désespérer d'atteindre un jour le but d'efforts souvent renouvelés, jusqu'à présent restés stériles ; cela veut dire seulement que, dans l'état présent des choses, on ne peut pas compter sur les procédés chimiques pour garantir les intérêts du Trésor.

Si les moyens de dénaturation complète et absolue n'existent pas, que doit-on faire ? et comment pourrait-on exempter les alcools de l'impôt, sans exposer, par cela même, le Trésor aux dangers de la fraude ?

Messieurs, il y a un moyen bien simple d'y parvenir, un moyen dont l'efficacité est certaine. Chaque industrie qui emploie l'alcool le dénature, dans ce sens qu'elle le combine avec d'autres éléments, ce qui grève par conséquent son prix de revient d'une dépense dont il est facile de se rendre compte.

En second lieu, on peut également évaluer les frais que la fraude serait obligée de faire pour extraire l'alcool des produits industriels dans lesquels il se trouve ainsi engagé. On peut donc calculer le bénéfice extra-commercial que cette opération illicite devra procurer.

Si cette double opération donne un prix de revient égal au prix de l'alcool vendu sur le marché, c'est-à-dire grevé des droits légitimement perçus, le Trésor sera garanti ; il n'y aura pas de fraude, parce que la fraude ne rapporterait rien à celui qui s'y livrerait.

S'il en est autrement, si le prix de revient ainsi obtenu, comparé au prix du commerce, donne une prime capable d'encourager les délits de cette nature, il faudra alors ajouter à la dépense du mélange alcoolique un impôt inférieur à la taxe des alcools, et suffisant pour que les tentatives de ce genre ne soient plus à redouter.

Cette taxe, appliquée à l'hydrogène liquide (en supposant qu'elle soit nécessaire), pourra-t-elle être assez modérée pour que l'on n'ait pas à craindre qu'elle en restreigne nécessairement l'usage : toute la question est là.

On sait que les esprits ne dissolvent l'essence que lorsqu'ils sont rectifiés; leur faculté dissolvante s'affaiblit et s'épuise par l'addition d'une légère quantité d'eau; la répulsion de l'eau pour les essences les chasse et les dégage. Il est donc facile, par une manipulation fort simple, de séparer les deux éléments constitutifs du mélange éclairant. Cette manipulation a été faite, et la dépense qu'elle entraîne se monte à 10 fr. par hectolitre, soit. . . . . 10 fr.

Nous avons déjà vu que le prix de l'hydrogène liquide à la fabrique, non compris les droits, est de. 72

Le fraudeur aurait donc à supporter des frais qui s'élèvent ensemble à 82

Auxquels il faut ajouter : 1º pour dépense de transport . . . 2

2º Les pertes provenant du mauvais goût et de l'infériorité des esprits ainsi obtenus, de la nécessité de vendre en fraude et d'offrir par conséquent à meilleur compte, équivalent à une dépense de 10

Total. . . . . 94 fr.

50 litres d'essence et 50 litres d'esprit absolu reviendraient donc, en fraude, à 94 francs.

50 litres d'essence valent aujourd'hui. . . . . 50 fr. 00 c.

50 litres d'esprit absolu, dont on peut faire, avec de l'eau, 57 litres d'esprit de commerce, valent. 69   42

Total du produit de la vente. 99   42

Ainsi le fraudeur vendra. 99   42

ce qui lui aura coûté. . . . . , . . . 94   00

Son bénéfice sera donc de. . 5 fr. 42 c.

Bénéfice à peine suffisant pour le couvrir des chances de saisie et d'amendes qu'il court. Une opération frauduleuse qui repose sur de pareilles bases est impossible, surtout lorsque le produit de la fraude exercée suivant la méthode ordinaire n'est pas de moins de 82 fr. 50 c., et lorsque la législation des octrois encourage un moyen bien autrement lucratif, et bien souvent pratiqué, de se procurer des alcools sans acquitter les taxes, à savoir : la distillation des fécules et des grains qui entrent en franchise. Ainsi, en opérant sur l'hydrogène liquide, le danger est grand, l'opération peu profitable, la prime faible, les risques considérables : la fraude ne saurait être, en vérité, bien redoutable.

Cependant, M. le Ministre des finances, pour mettre complétement à l'abri les intérêts du Trésor, a demandé l'autorisation de frapper, au besoin, les mélanges alcooliques d'une taxe modérée, que l'on appelle *taxe de dénaturation*, ou plutôt, il a demandé l'autorisation de percevoir sur les esprits employés aux usages industriels, au lieu du droit de 82 fr. 50 c., un droit inférieur. Déjà, Messieurs, la loi du 17 juin 1840 a donné cette faculté au Gouvernement dans une circonstance absolument semblable. L'article 12 de cette loi porte, en effet, que des règlements d'administration publique détermineront provisoirement les conditions selon lesquelles l'emploi en franchise ou avec modération de la taxe du sel destiné à l'industrie agricole ou aux salaisons pourra avoir lieu. » C'est ce même principe de dégrèvement facultatif, à défaut d'affranchissement complet, que l'on se propose d'appliquer aux alcools. Supposez qu'on impose de 5 fr. par hectolitre l'hydrogène liquide, n'est-il pas évident que toute opération illicite deviendra impossible d'après les calculs précédents, puisque la prime du fraudeur disparaîtrait alors entièrement.

Les produits à base alcoolique, grevés d'un léger droit de dénaturation, ne peuvent donc porter aucune atteinte à la perception des taxes qu'acquittent aujourd'hui les boissons.

La loi prend, dans ce but, les mesures les plus sages. Toute fabrique devra être déclarée et exercée. omme la manutention exige des procédés de distillation, l'usine ne saurait opérer dans l'ombre et se cacher aux yeux du fisc. Les produits sortiront avec un acquit-à-caution, portant quittance du droit. L'administration des contributions indirectes suivra le liquide dans ses divers mouvements, et frappera de confiscation et d'amendes, selon les prescriptions de la loi du 28 avril 1816, les contraventions et les délinquants. Les intérêts du Trésor sont donc complétement garantis.

Il y a plus ; ces taxes complémentaires ouvriront pour l'Etat une source nouvelle de produits.

Les différentes matières destinées à l'éclairage, le gaz, les huiles ne sont en effet frappées d'aucun impôt, elles acquittent seulement des droits d'octroi. Or, comme l'hydrogène liquide ne peut exister que sous la condition expresse du dégrèvement ; comme, sans l'adoption de cette mesure, il sera rayé forcément du nombre des industries possibles, et constituera seulement un produit de laboratoire, curieux, mais non employé, l'alcool, qui sert de base à ce mélange, sera consommé dans une proportion insensible, et ne pourra donner lieu dans cette hypothèse à un revenu quelconque, à l'aide de la perception des taxes actuelles.

Mais, si l'on diminue ces taxes, une industrie nouvelle se crée ; elle se substitue à des industries anciennes, ne rapportant rien à l'Etat Evidemment, le Trésor ne peut que gagner à cette combinaison.

Pour apprécier l'importance du gain qu'il peut faire, il faudrait savoir quelle place l'hydrogène liquide pourra prendre dans la consommation générale de l'éclairage, et quelle contribution il devra supporter.

Nous ne pouvons ici raisonner que sur des conjectures. Les statistiques donnent, comme dépense moyenne, pendant ces cinq dernières années, de chaque habitant par jour, pour les besoins de l'éclairage, le chiffre de 2 centimes.

Cette proportion répond à une dépense annuelle de 255 millions de fr., droits non compris, pour la population entière de la France.

Si l'on suppose maintenant que l'hydrogène liquide parvienne à fournir aux besoins de la moitié de la consommation, si l'on suppose qu'il soit frappé d'un droit de 5 francs par hectolitre, il versera plus de

1,600,000 hectolitres sur le marché, et acquittera un impôt de près de 8 millions.

Pour fabriquer cette quantité d'hydrogène, il faudra 900,000 hectolitres d'esprit du commerce, qui, estimés au prix de 38 francs, équivalent à une somme de 35 millions. Une somme d'au moins 40 millions sera également affectée à l'achat des huiles essentielles de térébenthine, de houille ou de schiste.

Voyons quelles seraient les conséquences de pareils faits. D'abord, les esprits de toute nature dont la valeur va décroissant chaque année, trouveraient par là un débouché important. Vous le savez, Messieurs, la situation des pays de vignobles, qui produisent le vin commun d'où l'on extrait l'alcool, s'aggrave chaque jour par la dépréciation de leurs produits. Le prix des alcools a baissé de 265 francs l'hectolitre (prix des années 1817, 1818, 1819) à 37 francs, prix actuel; et cette baisse s'est opérée graduellement d'une manière continue, selon l'échelle suivante :

> 1839. Valeur moyenne de l'hectolitre. 70
> 1840. 63
> 1841. 55
> 1842 et 1843 de. . . . . 35 à 40 fr.

Cette dépréciation n'est donc pas due à des causes accidentelles et transitoires, mais à des causes permanentes, dont le caractère et la durée justifient trop bien les alarmes et les doléances de tous ceux dont les intérêts sont ainsi froissés et compromis. On a calculé qu'à ce prix de vente, non-seulement il n'y avait pas de bénéfice pour le producteur, mais que la valeur de la production ne pouvait payer les frais de culture, et l'impôt qui, sous des formes diverses, vient l'atteindre.

Tous ceux, et le nombre en est grand, dont l'existence se rattache à la culture de la vigne, doivent donc ressentir depuis quelques années des souffrances réelles, sérieuses, croissantes.

Or, l'avilissement du prix d'une denrée ne peut tenir qu'à une seule cause, l'insuffisance des débouchés proportionnellement à l'abondance et à la facilité de la production. Cette cause existe en effet. Grâce aux progrès des arts industriels, les produits alcooliques peuvent se tirer maintenant à très-bas prix des fécules, des menus grains, des marcs et du résidu des matières saccharines par la distillation du sucre de betterave. Cette extraction s'opère aujourd'hui assez aisément pour que le commerce livre cette denrée à 37 francs l'hectolitre.

La création de débouchés nouveaux, la généralisation de la consommation des esprits pour des usages industriels, est le seul ou du moins le meilleur moyen d'améliorer la situation de ce marché.

D'un autre côté, si l'on arrive à tirer un plus grand parti des huiles essentielles qu'on ne l'a fait jusqu'à présent, il faudra évidemment s'en applaudir.

En effet, les sources de cette substance sont infinies et inépuisables, puisqu'elle provient des arbres résineux, des houilles, des schistes et des goudrons végétaux qui existent partout. Son extraction touche à quelques industries précieuses, comme celle de la houille et du fer. Si l'on peut vendre avec profit et utiliser les essences qui s'échappent dans la combustion de la houille, le prix de ce combustible, aussi bien que le prix du fer, se réduira nécessairement. Si les huiles sont extraites des goudrons végétaux, il se créera en France une industrie presque ignorée jusqu'à présent, et largement pratiquée en Angleterre : celle qui utilise le résidu de la distillation des goudrons à la conservation du bois. Enfin, si les essences sont extraites des schistes qui les contiennent en si grande quantité, on relèvera une autre industrie, non moins intéressante, essayée il y a peu de temps, abandonnée presque aussitôt, et qui produit un corps plus propre que tout autre à l'entretien des machines.

Ces considérations, Messieurs, nous ont convaincus qu'à l'extension du nouvel éclairage se rattachaient de grands et de nombreux intérêts.

L'administration des finances, en établissant des droits sur l'hydrogène liquide, ne devra donc pas, selon nous, se préoccuper du soin de grossir le plus possible la redevance qu'elle pourrait exiger. Elle devra seulement s'appliquer à obtenir les garanties complémentaires dont elle peut avoir besoin pour empêcher la fraude, à défaut de procédés connus de dénaturation. Nous désirons que ces taxes soient faibles ;

D'abord, parce qu'une industrie qui naît à peine, et qui n'a pas encore perfectionné ses procédés, a besoin d'encouragements à ses débuts;

Secondement, parce que plus l'impôt sera modéré, et plus les usages de l'éclairage pourront s'étendre, plus aussi son emploi sera économique pour le consommateur, et pourra profiter à toutes les industries qui s'y rattachent, celles des alcools, des essences, des houilles et des schistes.

Du reste, la mesure qui vous est soumise, la proposition d'autoriser M. le Ministre des finances à dégrever les esprits en raison de leur dénaturation, ne s'applique pas seulement à l'hydrogène liquide dont nous avons parlé exclusivement jusqu'ici, elle s'applique à toutes les combinaisons où l'alcool se trouve employé. Cette mesure ne sera ni un privilége, ni une exclusion pour personne. Lorsqu'on voudra être admis au bénéfice de la loi, il suffira de faire la preuve du prix de revient de son produit, de le déclarer, de déclarer également la dépense de rectification des alcools qui s'y trouvent contenus; de là résultera l'impôt de dénaturation. L'administration des finances se réserve d'ailleurs le droit de vérifier par l'analyse et par l'observation attentive des faits la vérité des déclarations qui lui seront faites. Rien n'est donc ainsi laissé au hasard, rien à l'arbitraire ni à la fraude; cette proposition est sage et nous paraît complète.

Nous croyons avoir démontré, Messieurs, qu'elle a une utilité véritable; que loin de léser les intérêts du Trésor, elle leur profite; qu'elle consacre un principe généralement admis en matière d'impôts indirects; qu'elle favorise l'écoulement d'un produit aujourd'hui déprécié, et qui, par cela même, mérite de fixer l'attention du législateur; enfin qu'elle pourra, en relevant un peu le prix des alcools dans certaines localités, apporter quelque soulagement, bien faible il est vrai, à des maux réels et grands.

Devons-nous aller plus loin, Messieurs? devons-nous chercher si cette influence bienfaisante se fera ressentir d'une manière notable sur la production des pays de vignobles? Pour dire toute notre pensée, nous ne l'espérons pas. Quel que soit notre désir de ne pas agrandir le cercle de la discussion spéciale dans lequel nous avons dû nous renfermer, il faut bien que nous nous expliquions, Messieurs, à cet égard ; car pourquoi entretenir des illusions que l'avenir ne se chargerait pas de réaliser? pourquoi laisser se propager des erreurs qui, reconnues bientôt par les intéressés eux-mêmes, une fois dissipées et détruites, rendraient les plaintes plus vives encore et les reproches plus amers?

Il est trop vrai que les alcools se vendent dans le commerce à des prix ruineux pour le producteur de vins. On en cherche de tous côtés la cause ; on se demande comment il se fait qu'une industrie, autrefois florissante, et dont la prospérité importe tellement à quelques grandes provinces, comme la Guienne, la Saintonge l'Armagnac et le Languedoc, est si déchue maintenant! La cause de ce fait, Messieurs, est bien simple. Elle est uniquement dans la concurrence des produits alcooliques que l'on obtient à si bas prix par la distillation des fécules. Cette distillation s'effectue partout, en Angleterre comme en France. En France, elle a amené l'avilissement des denrées ; en Angleterre, elle a produit, non pas l'expulsion graduelle de nos eaux-de-vie, comme on le dit habituellement, mais la limitation habituelle et permanente de leur consommation dans une classe bornée d'invidus. Les classes inférieures se sont habituées peu à peu en Angleterre à l'usage des eaux-de-vie de grains, qui sont d'une qualité inférieure, mais d'un prix moindre ; et vous savez, Messieurs, combien les habitudes de cette nature, une fois prises, sont difficiles à déraciner.

Sans doute l'accroissement du besoin des alcools provenant des usages industriels auxquels il pourra être affecté deviendra, si l'hydrogène liquide prévaut comme moyen d'éclairage, assez considérable. Mais la puissance productrice des distilleries de fécules peut aussi s'augmenter beaucoup, et il est fort permis de penser qu'elle suivra, dans la production, les mouvements mêmes du marché. Les fabriques d'esprit qui se servent de vin comme matière première continueront donc à souffrir. Leur détresse, qui naît de la concurrence redoutable qu'elles ont eu à supporter depuis quelques années, ne cessera donc pas, et se prolongera aussi longtemps que la cause active et puissante qui l'a produite subsistera.

Il faut donc se résoudre, Messieurs, si l'on veut agir d'une manière réellement efficace et utile, à chercher le remède à une situation que tout le monde déplore, ailleurs que dans les droits de dénaturation, ailleurs que dans l'augmentation de l'écoulement des eaux-de-vie sur le marché intérieur ou sur les marchés étrangers.

Telle est du moins notre conviction unanime, et dès lors notre devoir était de l'exprimer.

Messieurs, au premier rang de nos richesses agricoles figure la production des vins. Elle occupe environ la vingtième partie du sol livré à la culture en France ; elle donne du travail à près de 8 millions d'habitants ; elle produit annuellement près de 40 millions d'hectolitres, représentant une valeur de 600 millions de francs. Elle fournit, avec les eaux-de-vie, aux exportations une valeur de 75 millions, et verse, tant au Trésor qu'aux diverses administrations municipales, une somme qui ne s'élève pas à moins de 100 millions.

Les doléances d'une industrie pareille, qui remue tant de bras et agite tant de capitaux, méritent assurément d'être prises en sérieuse considération, lorsque ces doléances sont fondées.

La Chambre, dans une circonstance récente, a prouvé sa haute sollicitude pour les grands intérêts engagés dans cette question, en renvoyant au Gouvernement les pétitions des dix mille signataires qui lui exposaient leurs souffrances : c'est un avertissement qui ne sera pas perdu.

En outre, l'an dernier, une sage mesure a été introduite dans la loi de finances. Il a été décidé que les surtaxes sur les boissons, établies par tolérance à l'entrée de beaucoup de villes, seraient abolies de plein droit en 1852. L'empressement avec lequel cette disposition a été votée est de bon augure, et prouve que le Gouvernement et les Chambres ne voudront pas laisser dépérir une des principales richesses de notre territoire, un des principaux aliments de notre commerce extérieur et de notre navigation. L'adhésion que sans doute vous ne refuserez pas, Messieurs, à la proposition dont nous venons de vous entretenir, confirmera ces espérances.

Mais la crise actuelle a des causes anciennes et profondes ; c'est une plaie difficile à guérir, qui exige des remèdes autres et plus énergiques.

Nous aurons à examiner si l'adoucissement du régime qui ferme à nos marchés les produits du dehors, qui, par une conséquence nécessaire, ferme à nos produits les marchés étrangers, notamment ceux du Nouveau-Monde, si l'amélioration du système financier auquel sont soumises les boissons à l'intérieur, et si enfin la suppression des industries coupables contre lesqu les l'intérêt de la santé publique réclame, industries provoquées par l'élévation des tarifs de l'octroi, ne porterait pas quelque soulagement à une détresse qui s'aggrave chaque jour.

Vous pèserez, Messieurs, dans votre sagesse, en temps opportun, ces diverses considérations, sur lesquelles nous n'avons pas à nous expliquer aourd'hui. Nous nous contenterons de constater que les producteurs du vin destiné à l'alcool sont effectivement arrivés à une situation déplorable, qui appelle la juste sollicitude des hauts pouvoirs de l'Etat. Tous les membres de la législature auront sans doute à cœur, en présence d'un malaise si grand, d'essayer au moins de l'adoucir. Tous chercheront sinçèrement, sérieusement le moyen d'y parvenir.

Nous avons l'honneur de proposer unanimement à la Chambre l'adoption de la résolution présentée par la Chambre des députés, résolution à laquelle le Gouvernement adhère.

ARGENTEUIL. — IMPRIMERIE DE E. MARC-AUREL.
Bureau et Librairie à Paris, rue Richelieu, 102.

www.ingramcontent.com/pod-product-compliance
Ingram Content Group UK Ltd.
Pitfield, Milton Keynes, MK11 3LW, UK
UKHW022325070726
13614UKWH00002B/954

9 782329 069616